U0132121

孔子圣迹图（明代彩绘绢本），画者不详

明皇幸蜀图，唐代李思训（一说李昭道）画

青綠開山迥
峰臨道路長
宋人多結隊行
李自周詳祕
為名和利郷
梁芳與忙年
陳失姓氏比宋
近乎唐
甲午新秋
御題

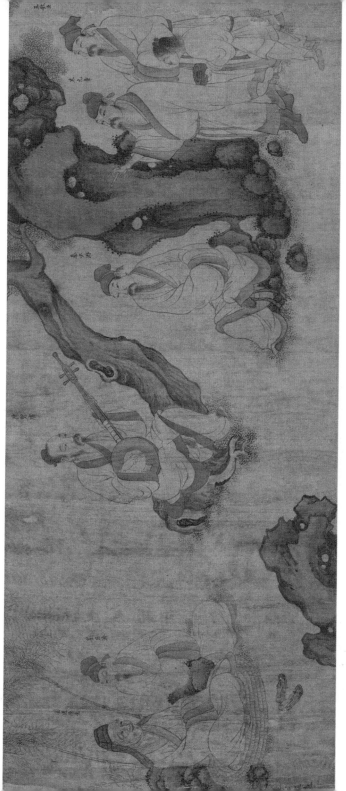

西园雅集图（局部），北宋李公麟画

客使图（局部）

客使图（唐代壁画），章怀太子墓墓道东壁

屈子行吟图（木刻），明末清初陈洪绶作

献蚝帖（局部），北宋苏轼书

大幅六两，中幅四两，小幅二两，书条对联一两，扇子斗方五钱。凡送礼物食物，总不如白银为妙。盖公之所送，未必弟之所好也。送现钱则中心喜乐，书画皆佳。礼物既属纠缠，赊欠尤为赖账。年老体倦，亦不能陪诸君子作无益语言也。

画竹多于买竹钱，纸高六尺价三千，任渠话旧论交接，只当秋风过耳边。

江上慈心千叠置，山浮空积翠如云，咽山郭云连紫，知天空云散，依然但见两崖苍暗，绝谷中有直飞来，宠紫迷踪，石隐后见，又乘春风摇江汉，清空我辈，奇峰怪石，人间何处此境，江山清空我辈，珠圆玉润，武陵桃花流水，在人世招我归来。

板桥郑燮

乾隆丙子夏五月板桥郑燮

润格，清代郑板桥书

山魈偷蟹，溥心畲画

至味人生

三千年饮食文化与人物风流

李凯 著

天地出版社 | TIANDI PRESS

目 录

自 序

吃出来的人生——美食·食家·文化中国

  两千年前，和孟子辩论的告子说"食色，性也"，够直白。

  他怎么和孟子争论仁义的，我们不管；这里说的是，人有自然性，谁也不能否认。清欧阳厚均《易鉴》说："口之于味，有同嗜焉。目之于色，有同美焉。食与色，人之所不能去者也。"有意思的是，古人看到了这一点，创作了六十四卦之一的"噬嗑"（☲），它是《周易》六十四卦中的第二十一卦，下"震"上"离"，样子是一个大嘴巴，跟古文字中的"齿"（𦥑）字似的，很象形，上下颚咬合，里面还有个咀嚼物（其实咀嚼物是离卦下面的阳爻"▬"），描绘的是古人咀嚼的状态。这个大嘴还有不少哲理，上面的"离"为阴卦，下面的"震"为阳卦，《周易》讲究阴阳交合、刚柔相济，这样才能不停地嚼呀嚼，才能太平。阴阳不交、刚柔不济，没办法咀嚼，也就不太平了。《周易·系辞下》说："日中为市，致天下之民，聚天下之货，交易而退，各得其所，盖取诸噬嗑。"这是个比喻，做买卖也和吃东西一样，有进有出，取我所需。足见古人把吃看得很重，还有很高的理论高度，不仅有吃的艺术，还有吃的哲理——什么都要有个度，适可而止。"圣人于噬嗑之卦以为食也，盖颐中有物，有齿牙咀嚼之义。有物则内开而口用其噬，物消则内合而口用其嗑。起于有味，终于无味。不味之味，有余味焉。奈何饕餮者流纵口腹之欲，贪于饮食，而不知甘脆肥醲，腐肠之药，厚味滋毒，适以自戕其生，可不戒哉？"（清欧阳厚均《易鉴》卷三十八《杂卦传》）吃大发了，戕害性命，就坏事了。

中央电视台十多年前推出的美食类纪录片《舌尖上的中国》，红遍大江南北，至今不衰。人们之所以喜欢，一个重要的原因是，它打破了原先的模式，不是烹饪大师的工序，也不是"厨艺选秀"，这些老百姓参不透玄机。食材、厨艺和人们的心得，也有魅力，千百年来如此，"足以极视听之娱，信可乐也"（东晋王羲之《兰亭集序》）。把它拿出来，是艺术工作者的智慧。

历史工作者进了一步。历史学表达的，也许不是大理论，而是生动具体的过程情节。在历史叙述中突出人，突出人物在特定历史环境下的思考，而不是抽象的历史符号与条条框框，才有魅力，能教化人心。司马迁说："余闻董生曰：'……孔子知言之不用，道之不行也，是非二百四十二年之中，以为天下仪表，贬天子，退诸侯，讨大夫，以达王事而已矣。'子曰：'我欲载之空言，不如见之于行事之深切著明也。'"（《史记·太史公自序》）这个做派，素为古人所重。说美食，不是历史工作者的目的，因为说不过厨师；讲美食的前世今生，也不是最终目的，因为说着说着听众就睡了。最终目的是叙述人，一切历史都是思想史。叙述完了，现代人体会到了什么，似乎古今一理，我不孤独。孔子投奔齐国，齐景公表示我庙小，孔子悻悻而归。他怕人加害，据说淘好的米还没漉干，就一溜烟儿跑了，您说狼不狼狈？孔子在陈蔡，饭菜全无，睡觉解饿。颜回讨米、做饭，颜回抓锅里的煤灰吃，还被孔子误会成没规矩，您说委不委屈？屈原被流放，饮木兰的坠露，吃秋菊的花瓣，精神充盈，但形销骨立，您说难不难受？苏轼一辈子被贬啊贬，也没停了吃啊吃，到了黄州鼓捣东坡肉，到了惠州鼓捣羊蝎子，到了儋州鼓捣生蚝，您说心气儿大不大？宋徽宗被掳到北国，和手下对着包茴香的纸号啕大哭，还眼巴巴地指望宋高宗把他接回去，您说瞎不瞎心？郑板桥官也不当了，卖字画糊口，青菜萝卜糙米饭，瓦壶天水菊花茶，寒冬腊月抱着碗热粥，蜷缩着慢慢喝下去，还觉得周身俱暖，您说苦不苦？古人也是人，和现代人活在同一片天空下，总有共同的话题。这是共情（Empathy，也有历史老师叫神入法），共了情，也许就被古人指了一条明路。

伊尹是厨师鼻祖，阐述调和之道，背后是"治大国，若烹小鲜"（《道德经》）的思路。他还是殷商重臣，战国策士借他讲出一堆君王南面之术，其中也有臣子规劝讽谏的智慧。

孔子是儒家圣人，他"疏食饮水"（《论语·述而》），历尽坎坷，但明德守礼、乐天知命。内圣外王，经世致用，儒者要提升精神境界和执政水准。天理、人伦、圣言、掌故捆绑在一起。今世行之，后世以为楷，他的做派影响千秋万代。

屈原是爱国诗人，宁为玉碎，不为瓦全。他沉浸在浪漫气质浓厚的楚文化中，即便是巫风鬼雨，也折射出楚人的生活。"楚虽三户，亡秦必楚。"（《史记·项羽本纪》）刘邦、项羽都是楚人，文化比行政有渗透力。

刘彻是威加四海的帝王，人们把"第一个吃螃蟹的人"也附会给他。他加强皇权、开拓西域、打击分裂、推尊孔氏，营建了恢宏的汉家气象。社会上洋溢着进取向上的风气，文化交往、交流、交融形成气候。

刘安是半人半仙式的人物，淮南王做豆腐与此相关。他崇尚黄老道家，无思无虑，法乎阴阳，"乘云陵霄，与造化者俱"（《淮南子·原道训》），服食导引、丹砂石膏他最熟悉不过。但这位淮南王并没怎么消停，把黄老之学当成障眼的"法术"，而最终身败名裂。

曹操是一代枭雄，确是治世之能臣。横槊赋诗，诗人的气质不影响他政治家的雄心。他自己酿酒，还给汉献帝献酒。他想当周公，希冀天下归心，在乱世中可谓少见。"对酒当歌，人生几何"（《短歌行》），知我罪我，其惟春秋。

杜甫是诗圣，他的诗是诗史。"气傲皆因经历少，心平只为折磨多。"（启功联）艰难苦恨成就了他的老辣苍劲，他分外珍惜一粥一饭和片刻安宁。"致君尧舜上，再使风俗淳"（《奉赠韦左丞丈二十二韵》），他不过是想给苍生一个衣食无忧的清平世界。

唐玄宗是盛世之君。胡食在大唐王朝司空见惯，上到皇室，下到平民，对异域美食来者不拒，期望胡汉一家。他目睹了物阜民丰，真相信野无遗贤、万邦咸宁，甚至天宝三载改"年"为"载"，以为臻于郅治。哪想到渔阳鼙鼓、尘嚣直上。他于太极宫临崩之时，孑然一身，又对昔日的自负作何感想？

苏轼不仅是大文豪，还是大吃货。他少年得志，名满天下，但没有几人像他那样处处坎坷。他是千古风流人物，视人生如逆旅，天地一瞬和物我无穷，不过是人的一念之间。政敌不是要看我的惨相吗？偏不让！黄州、惠州、儋州，走到哪，吃到哪，乐到哪。"穷通为寒暑风雨之序矣。"（《庄子·让王》）

宋徽宗是咎由自取的亡国之君。当艺术家多好，非得当皇帝。他深信"丰亨豫大"的理论，大讲吃喝排场，玩出品位，弄出一堆奸臣，留下了一个烂摊子。但也有学者认为，他花了很多力气来扮演好皇帝角色，锐意新法，扩大教育与福利，招徕建筑、美术、音乐、医学领域的人才，热衷宗教礼仪，梦想收复燕云故土。然而国家早已千疮百孔，架不住折腾。既不知时，又不自知。

张岱是纨绔子弟，但也是明朝的遗民。明末社会发生了巨变，明清易代，人们的思想观念也发生变化，"穿衣吃饭即是人伦物理"（李贽《焚书·答邓石阳》）的呼声越来越高。张岱的人生以明亡为界，此前是茶淫橘虐、书蠹诗魔，此后是山河破碎、亡国之痛，前后判若两人。

李渔是士大夫休闲生活的代表，也是百科全书式的艺术家。他曾设家戏班，在戏曲、饮食、营造、园艺、养生上无不精通。他主张吃出品位，俭约中追求精美，平淡中获得乐趣。蔬食、清淡、洁净、原汁原味是美食的高境界。摆脱羁绊，才能"事在耳目之内，思出风云之表"（《闲情偶寄·余怀序》）。

郑板桥为"扬州八怪"重要代表人物，也是性情中人。他不堪宦情，"难得糊涂"，以为民请赈忤逆上司，挂冠而去。郑板桥颠沛一生，为人耿介，不向恶势力低头，鱼米、热粥、酒皆知来之不易，粗茶淡饭，香甜可口，心怀坦荡，令人肃然起敬。

袁枚是久负盛名的文学理论家，也是精致的美食家。他主张"口餐"，反对"耳餐"，提出知己难，知味尤难。他对厨师王小余的要求很严，两人堪称知味。王小余死后袁枚专门为他写《厨者王小余传》，这是古代难得的死后有传的厨师，传为佳话。

美食、食家、文化中国，水乳交融。既是历史，也是现实。

第一章

汤・伊尹・策士

人们追求口腹之欲，也考虑成本，煲汤就是餐桌上必不可少的。古人食用美食的方法，一是水煮，二是火烤，油煎成本要大很多，远不如前两者便捷可行。而水煮更为原汁原味，比其他方式清淡，更重要的是还能提供给人们一锅好汤。

煲汤历史很悠久

"汤"在古汉语里很多时候指的不是今天说的汤汁，而是热水。汉朝的《说文解字》载："汤，热水也。从水、易声。"有人解释，右边的部分"易"，是旭日东升普照大地的样子，充满阳气的水就是热水。汤不过是热水，到很晚才指汤汁，今天也有人把清汤叫汤，浓汤叫羹。

羹的历史很悠久。羹的古文字字形为鬻，由羔和鬲组

成 ①，"羹"的本义指的是以鲜嫩羊肉做成的肉汤，后来引申指各种用肉或蔬菜做成的含有汤汁的食品。汉魏以后，人们也称浓稠的汤为羹，汉乐府《十五从军征》里的羹，则是野菜汤。伪古文《尚书·说命下》讲商朝武丁王求贤若渴，跟贤臣傅说讲，好比做羹汤，你就是盐和梅。② 古人用盐和梅子调节羹汤的咸度和酸度。在此盐和梅指的是国家所需的贤才。

古时候有一本叫《笑林》的书，讲了一个故事。有个人调一锅汤，先盛出一勺试着尝了一口，觉得味淡，往锅里又加了一些盐，然后仍去尝勺里的汤，仍觉味淡，便说："盐不够！"就这样几次，增加了一升左右的盐，还是不咸，因此觉得这事很奇怪。③ 这个笑话是说这个人蠢，他往锅里加盐，尝的是盛在勺里的汤，往锅里加再多盐，早已盛在勺里的汤也不会变咸。梅子经常用来调节酸味，在醋出现之前人们就用它，后来还衍生出可口的酸梅汤。

考古中居然发现有汤。古代很多青铜器中都有动物骨骼。神奇的是，2010 年西安咸阳国际机场二期扩建工程的考古工地中，两千多年前的骨头汤竟然还在青铜器中。考古工作者惊奇

---

① 羔，小羊；鬲（lì），炊具。

② 伪古文《尚书·说命下》："若作和羹，尔惟盐梅。"

③ 《笑林》："人有和羹者，以杓尝之，少盐，便益之。后复尝之向杓中者，故云盐不足。如此数益升许盐，故不咸，因以为怪。"

地发现，该墓的小龛中有两件保存完好的青铜器，不仅铜鼎密封完好，内有骨头汤，而且铜钟内有约1000毫升的酒。考古工作者从墓的形制和出土器物分析，这应该是战国时秦国士一级的墓葬，给距离该墓约300米的秦王陵作陪葬。两件青铜器从墓中取出时，考古工作者当时就觉得容器里面好似有液体，就带回实验室了。盛骨头汤的鼎，素面无奇，20厘米高。工作人员揭开铜鼎盖，鼎内液体占据了二分之一的空间，很浑浊，似乎还漂浮着什么东西。他们小心翼翼地用镊子将漂浮物取出来，发现是细小的动物骨头，可能有足骨、脊椎骨和肋骨，经历两千多年已呈现铜绿色，数了数在10根以上。经鉴定，这是狗肉汤。鼎是煮肉的容器，因此考古工作者初步判定这些汤应该为陪葬时放到墓中的骨头汤。古人"事死如事生"，用骨头汤陪葬应是当时生活的反映，活着爱喝汤，死了也如此。装有动物骨头的青铜器曾多有发现，但带汤的实物还是第一次发现。这是个奇迹，墓葬没被盗，且具备良好的密闭性，值得注意的是该墓道全部用夯土夯实，青铜器还被放置在壁龛里，比墓底更干燥。阴差阳错，两千多年后我们还能见到它，真是神奇！

伊尹出场了

伊尹登场了。有人可能会好奇，这名字真古怪。其实上古时期，人们的姓氏是分离的，姓是大的部落集团，氏比它要小，每个人的私名，又是另外一回事。据说伊尹是己姓，伊氏[①]，名挚，尹是他后来的官名[②]，此人很有才干。有记载说他是空桑[③]人，也有说他是有莘国[④]人。他出生于伊水，洛阳有伊川一地，可能和他的出生地有关。[⑤]他是商朝元勋、千古名臣，号"阿衡"。他担任成汤的右相，辅佐商汤打败夏桀，历事成汤、外丙、仲壬、太甲、沃丁五代君主，还曾经把不成材的太甲流放到"桐宫"这个地方，后来太甲悔过自新，伊尹又把大权给了他。[⑥]伊

---

① 很多氏来源于地名，这里是水名。

② 尹在甲骨文中是百官之长，地位很高；西周金文里也有尹氏。

③ 在今河南省杞县，葛岗镇还有叫空桑村的地方。《水经注·伊水注》："昔有莘氏女，采桑于伊川，得婴儿于空桑中，言其母孕于伊水之滨，梦神告之曰：'臼水出而东走。'母明视而见臼水出焉，告其邻居而走，顾望其邑，咸为水矣。其母化为空桑，子在其中矣。莘女取而献之，命养于庖，长而有贤德，殷以为尹，曰伊尹也。"

④ 或云在今陕西省渭南市合阳县，或云在今河南省商丘市民权县一带。有莘氏又作有侁氏，在夏商二代活跃于今河南开封、陈留一带，这一带到春秋时仍被称作"有莘之墟"（《左传·僖公二十八年》）。卜辞中的"先"地，属于殷商的王畿范围，应就是有莘氏故地，可从；则卜辞中的"亚先""先伯""妇先"等称谓，当是有莘氏族人到商王内服嫁作商王之妇者。见晁福林：《先秦社会形态研究》，北京师范大学出版社，2003年，第294—296页。

⑤ 然而今江苏省连云港市灌云县境内，有伊芦山，据说是伊尹晚年隐居之所在，当地还有小伊、大伊等地名。

⑥ 见《竹书纪年》《史记·殷本纪》等。

尹在殷墟卜辞中与商先王一样享受着后代非常隆重的祭祀。① 《楚辞·天问》说成汤在东方巡狩时娶有莘氏之女，于是有莘氏派遣小臣伊尹作为媵臣到商部族结盟。② 此事又见于《吕氏春秋·本味》③，商部族急需吸收其他方国的人才来壮大自己，其他方国也希求以政治联姻的方式，拉拢势力较强的商部族。足见商汤东巡

伊尹像，画者不详，出自南薰殿旧藏明代《历代圣贤半身像册》，台北故宫博物院藏

---

① 见《甲骨文合集》27057、27655、32103、33273等片。《竹书纪年》说伊尹把太甲流放到"桐宫"，太甲跑了，后来杀了伊尹。这个说法不正确，很可能是战国策士编造的故事。李学勤先生指出，为战国现实政治而改造历史是《古本竹书纪年》的一个思想倾向。"益干启位，启杀之"同"舜囚尧于平阳，取之帝位""后稷放帝朱于丹水""伊尹放大甲于桐，乃自立也；伊尹即位放大甲七年，大甲潜出自桐，杀伊尹"的故事极其相似，"带有战国时期游说的那种意味"。李先生以伊尹为例："以伊尹一事而言，殷墟卜辞所见对伊尹的祭祀非常隆重，如果他是曾废太甲自立，后来又被太甲诛杀的罪人，怎么能享有那么隆崇的地位呢？"见李学勤：《走出疑古时代》，辽宁大学出版社，1997年，第50—51页。

② 《楚辞·天问》云："成汤东巡，有莘爰极。何乞彼小臣，而吉妃是得？水滨之木，得彼小子。夫何恶之，媵有莘之妇？"王逸注云："汤东巡狩，至有莘国，以为婚姻。"

③ 《吕氏春秋·本味》："（伊尹）长而贤。汤闻伊尹，使人请之有侁氏，有侁氏不可。伊尹亦欲归汤，汤于是请取妇为婚。有侁氏喜，以伊尹为媵送女。……汤得伊尹，祓之于庙，爝以爟火，衅以牺豭。明日，设朝而见之。"

的根本目的，就在于借助政治联姻得到伊尹的辅助，巩固商部族与有莘氏的联盟关系。这些说明有莘氏是商汤依赖的重要力量。说没伊尹就没有商汤的丰功伟绩，应不为过吧。

司马迁在《史记·殷本纪》里讲了一个有趣的故事，商代的名臣伊尹求见商汤王，"以滋味说汤"，用饮食滋味来说明道理。司马迁说伊尹名叫阿衡，这可能是他贫贱时的名字。阿衡想求见成汤而苦于没有门路，于是就去给一个叫有莘氏的部落做陪嫁的男仆，也就是媵臣。据说伊尹背着饭锅砧板来见成汤，借着谈论烹调滋味的机会向成汤进言①，劝说他实行王道。《后汉书·马援列传》说东汉初年，名将马援名震京华，保着光武帝、明帝两代皇帝，用自己的谋略游说主上，"将怀负鼎之愿，盖为千载之遇"，②用的就是这个典故。

用鼎煮汤的故事

古人用鼎煮汤，始于新石器时代中期，在二里头文化中已经出现了铜鼎。伊尹拿着鼎游说商汤，是可能的。鼎使用方便，受热面积大，受到人们欢迎，经常用来煮汤。关于鼎煮汤，还有一

---

① 《史记·殷本纪》："负鼎俎，以滋味说汤。"
② 《后汉书·马援列传》："马援腾声三辅，遨游二帝，及定节立谋，以干时主，将怀负鼎之愿，盖为千载之遇焉。"

个著名的典故。《左传·宣公四年》记载了一个有趣的故事：楚国人献给郑灵公一只"鼋"（yuán），这是一种珍异的龟类动物。正赶上公子宋（字子公）和子家进宫见郑灵公，子公的食指忽然跳动起来，子公给子家看，说："平时如果我的食指忽然跳动，一定能吃到珍异的美味。"当他俩进宫时正巧碰上负责烹调的宰夫在杀"鼋"，于是两人相视而笑。郑灵公问他们为什么笑，子家如实告诉了郑灵公。当"鼋"做好开席时，郑灵公故意召见子公但不给他吃。子公觉得自己被戏弄，大怒，把手指放进盛"鼋"的鼎中，尝之而出。郑灵公认为子公冒犯了自己，也勃然大怒，打算杀掉子公。子公知道事情不妙，先和子家密谋除掉郑灵公。子家不同意，劝子公说："畜生老了尚且怕被杀，何况是郑国的君主呢？"没想到子公反而造谣说子家要谋反。子家害怕了，只好与子公合谋，这年夏天，二人杀死了郑灵公。这就是"食指大动""染指"的出处。《春秋经》记载为"郑公子归生弑其君夷"，既称子家之名归生，又称郑灵公名夷，本来子家为弑郑灵公的从犯，却被列为主谋，是因为子家最初劝说子公，但是惧怕子公诬陷自己而参与了弑君。我们能看出古人对这一班君臣的指责。

以滋味说汤

　　伊尹"以滋味说汤"，这是司马迁写的。说伊尹为了游说商汤费尽心机，拿煲汤来说事儿，且说得有鼻子有眼。但司马迁话锋一转，说也有人认为，伊尹本是个有才德而不肯做官的隐士，"五反然后肯往从汤，言素王及九主之事"，成汤曾派人去聘迎他，前后去了五趟，他才答应前来归从，向成汤讲述了远古帝王及九类君主的所作所为。成汤于是委派他管理国政。两个版本谁是谁非，司马迁也说不清，所以都摆在这里。

伊尹曾经离开商汤到夏桀那里，因为看到夏桀无道，十分憎恶，所以又回到了商都亳。司马迁说伊尹从北门进城时，遇见了商汤的贤臣女鸠和女房，于是写下《女鸠》《女房》，述说他离开夏桀重回商都时的心情。按今天的话说，就是向商提供情报，这是在瓦解夏的阵线。大军事家孙武说伊挚（应就是伊尹）就是间谍。[①] 今天我们看到的清华简中，也有伊尹给商汤做间谍的内容。伊尹从夏往商亳，半夜才到达汤的所在。汤说，你来了，你有坚定的意志。伊尹说，我从夏费了十天才赶到这儿。我在夏，看到他们的百官都不坚定和好，他们的国君丧失了好好治国的志向，只宠爱琬、琰两个美女，不体恤他的臣民，人民都说：我和你一起灭亡吧！夏桀却更加地残虐无德、举动凶暴、不守典常。夏于是就看到了灾祥，在西在东，明显地出现在天上。他们的人民都说：这表示我们就要招致灾祸了吧？

---

① 《孙子兵法·用间》："昔殷之兴也，伊挚在夏；周之兴也，吕牙在殷。"

汤说：你告诉我，夏的隐情确实是这样吗？伊尹说：确实是这样。汤于是和伊尹举行了盟誓，安定了天下的动乱不安。汤征讨不归附的邦国，伊尹帮忙谋划，秉德无差失，汤从西边攻打西邑，打败夏军。[①]足见伊尹发挥了巨大的作用，他的地位不低。

《吕氏春秋·本味》说得仔细，记载了伊尹以"至味"说汤的故事。它的本义是说探究"味"的道理，引申到任用贤才，推行仁义之道可得天下，从而享用人间所有美味佳肴。这一说法有些牵强，但在其中却保存了我国也是世界上最古老的烹饪理论，提出了一份内容很广的食单，是研究我国古代烹饪史的一份很重要的资料。

这篇文章一上来就讲哲理。若寻求事物的根本，十天就可以找到；若寻求它的枝末，即使花费很长时间也不会有收获。立功名的根本，在于得到贤人。传说有莘氏部落的一个女子去采桑，在空心的桑树中拾到一个婴儿，她把婴儿献给了她的君王，

---

① 清华简《尹至》："惟尹自夏徂亳，逯至在汤。汤曰：'格，汝其有吉志。'尹曰：'后，我来，越今旬日。余闵其有夏众□吉好，其有后厥志其仓（爽），宠二玉，弗虞其有众。民噂曰："余及汝皆亡。"惟灾疟惫（极）暴瘧，亡典。夏有祥（祥），在西在东，见章于天，其有民率曰："惟我速祸。"咸曰："胡今东祥（祥）不章？今其如台？"'汤曰：'汝告我夏隐率若寺（时）？'尹曰：'若寺（时）。'汤盟誓及尹，兹乃柔大縈。汤往征弗服。挚度，挚德不僭。自西捷西邑，戡其有夏。"

君王叫厨师养育这个婴儿，并弄明白这是怎么回事。臣下弄明白后，对君王说："他的母亲住在伊水的上游，有了身孕，梦见神人对她说：'如果你看见舂米的臼从水中浮出来，你就往东跑，千万不要回头。'第二天，她真的看见臼浮出水面，她告诉了她的邻居后就往东跑了十里。她回头再看村庄时，村庄已经被水淹没了，她自己也变作了空心桑树。"所以，君王给这个孩子起名叫伊尹，是因为他生于伊水①。

　　伊尹长大后很贤明，汤知道后就派人到有莘氏处请他。有莘氏的人不同意。伊尹也很想归附汤。于是汤就向有莘氏的女子求婚，有莘氏的人很高兴，让伊尹做陪嫁的人。所以说，商汤为了寻求有道之士用尽方法。伊尹为寻求贤明君王，也无所不用。明王贤臣相互默契，都很快乐。得到了伊尹，商汤在宗庙为他除灾祈福，布置了朝堂，行礼而接见他。伊尹为汤论说最美的味道。汤说："您说的好吃的可以做吗？"伊尹回答说，您的国家太小了，不足以备置这些东西，要您成了天子才可以。动物里，水中的腥，肉食的臊，食草的膻，臭的、恶的、调味的莸草、甘草都有用处。所有味道的根本，水是第一位的。火候是关键，或快或慢，减去腥味，去掉臊味，除掉膻味。味道

────────────

①　这不太对，因孩子的母亲居住在伊水边，就让他以"伊"为氏，可以理解。但后来他官拜为"尹"，因而后人称其为伊尹，君王又怎样得知？

调和的事，一定要用酸、甜、苦、辣、咸，谁先谁后、谁多谁少，那很精妙，却都从这里产生。鼎中的味道变化是很精妙的，只可意会不可言传，如同射箭驾马的精妙，阴阳的变化，四季的规律。① 所以，时间虽久却不会坏弊，熟了却不烂。甜、酸、咸、辣，味道正合适。文章里还列举了一堆古代的美食，很多名字今天已经不知道指的是什么了。其中有肉、菜、鱼、和（调料）、水、果之美者②，令人目不暇接。因为先秦时期能够填饱肚子已经不容易，很多时候一般人只能吃糠咽菜，不少菜在先秦是菜，在后世就是草，《本草纲目》即如是观。故而这里说这是天子的

① 《吕氏春秋·本味》："调和之事，必以甘、酸、苦、辛、咸，先后多少，其齐甚微，皆有自起。鼎中之变，精妙微纤，口弗能言，志不能喻。若射御之微，阴阳之化，四时之数。"

② 《吕氏春秋·本味》："肉之美者：猩猩之唇，獾獾之炙，隽觾之翠，述荡之掔，旄象之约。流沙之西，丹山之南，有凤之丸，沃民所食。鱼之美者：洞庭之鱄，东海之鲕。醴水之鱼，名曰朱鳖，六足，有珠百碧。藋水之鱼，名曰鳐，其状若鲤而有翼，常从西海夜飞，游于东海。菜之美者：昆仑之草，寿木之华。指姑之东，中容之国，有赤木、玄木之叶焉。余瞀之南，南极之崖，有菜，其名曰嘉树，其色若碧。阳华之芸，云梦之芹，具区之菁。浸渊之草，名曰土英。和之美者：阳朴之姜，招摇之桂，越骆之菌，鳣鲔之醢，大夏之盐，宰揭之露，其色如玉，长泽之卵。饭之美者：玄山之禾，不周之粟，阳山之穄，南海之秬。水之美者：三危之露；昆仑之井；沮江之丘，名曰摇水；曰山之水；高泉之山，其上有涌泉焉，冀州之原。果之美者：沙棠之实；常山之北，投渊之上，有百果焉，群帝所食；箕山之东，青岛之所，有甘栌焉；江浦之橘；云梦之柚。"

排场啊！只有先成了天子，才有可能完全领略这些美味。天子不是可以强取的，而必须先知道大道。道存在于自身却施于天下万物，修养自身获得大道，也就成了天子，成了天子，那所有的美味也就齐备了。^① 所以说，审察近处的就可以了解远处的，成就了自身也就成就了他人。圣人的道简约，哪里用得着去做费大力但见效少的事呢！

老子《道德经》中有句话："治大国，若烹小鲜。"说的是治理大国应该要像烧菜一样精心，要注意作料的搭配，掌握火候，不能瞎折腾^②。伊尹会做汤而成为宰相，"以鼎调羹"，拿"调和五味"的理论来治理天下，也就是后来老子所说的"治大国，若烹小鲜"。有意思的是，伊尹知道植物的五味，更善于调和五味，在被称作"厨神""中华厨祖"的同时，由于他提倡药食同源，也被医学家所重视。医家以君臣佐使配伍，以寒热温凉调性，把以前的单味药治病，发展到多味药的方剂治病，把"药学的

---

① 《吕氏春秋·本味》："非先为天子，不可得而具。""天子不可强为，必先知道。道者止彼在己，己成而天子成，天子成则至味具。"

② 老子说"无为而无不为"，不是无作为，而是顺应规律，所谓"我好静而民自正，我无事而民自富，我无欲而民自朴"。"治大国，若烹小鲜"，治大国像炸小鱼一样，要是翻腾来翻腾去，鱼早烂了，所以治大国一定要谨慎，一定得以"道"治国，这样治国鬼都不会闹腾。不仅"其鬼不神"，"其神不伤人"。不仅是"其神不伤人"，"圣人亦不伤人"。这样的太平境界，是道家的理想国。

祖师爷"这个称号也加到了伊尹头上。有一本书叫《伊尹汤液
经》，这对中医药太重要了。①

《吕氏春秋·本味》的伊尹说汤，有着汉赋的特色。汉赋
要铺陈语汇，文采华丽，表现皇家的气象，还能起到对统治者
规劝讽谏的作用。比如汉代大辞赋家枚乘的代表作《七发》，
洋洋洒洒，是一篇讽谏性作品。枚乘的这篇文字，假托吴客这
个人物，劝楚太子接受"要言妙道"，实质是谏阻吴王刘濞。
所谓"七发"，就是七次感发。赋中说楚太子病了，吴客前来
问候。吴客认为太子的病在心理而不在生理，非针药所能治愈，
只能"以要言妙道说而去之"。②于是两人展开七番问答。吴客
不厌其烦地用大量华丽的词藻形容了音乐、美食、车马、游宴、
打猎、观涛等种种享乐，太子都无精打采，提不起精神。最后
吴客终于说到许多大哲大贤的"要言妙道"，太子出了一身汗

---

① 据说方剂治病是伊尹对中医学的极大贡献，他是中药方剂理论的奠基者，他
的《伊尹汤液经》为人传颂千年而不衰。后世著名的《伤寒杂病论》就是继承了
《伊尹汤液经》的学术思想和方法。
② 《七发》："纵耳目之欲，恣支体之安者，伤血脉之和。且夫出舆入辇，命曰
蹷痿之机；洞房清宫，命曰寒热之媒；皓齿蛾眉，命曰伐性之斧；甘脆肥脓，命
曰腐肠之药。今太子肤色靡曼，四支委随，筋骨挺解，血脉淫濯，手足堕窳；越
女侍前，齐姬奉后；往来游醼，纵恣于曲房隐间之中。此甘餐毒药，戏猛兽之爪
牙也。"

就好了。^①吴客具体说了什么道理，我们无从得知，因此给我们
留下了遐想的空间。关于饮食，半人半仙的吴客说，煮熟小牛腹
部的肥肉，用竹笋和香蒲来拌。用肥狗肉熬的汤来调和，再铺上
石耳菜。用楚苗山的稻米做饭，加上菰米（中国古代六谷之一），
这种米饭抟在一块就不会散开，入口即化。于是让伊尹负责烹饪，
让易牙调和味道。种种食物是天下最好的美味了，太子能勉强起
身来品尝吗？太子说我病了，没心思，不吃。^②这里仍旧把伊尹
当作厨师的鼻祖。

策士的文化

中国历史上出现过两次巨变，一次在春秋战国时期，一
次在近代。这两次变革都发端于经济领域，结果牵一发而动
全身，给整个时代的思想、文化、体制、社会结构带来了摧
枯拉朽式的冲击。春秋战国时期士阶层日益壮大，为什么呢？

---

① 《七发》："客曰：'将为太子奏方术之士有资略者，若庄周、魏牟、杨朱、墨
翟、便蜎、詹何之伦，使之论天下之精微，理万物之是非。孔、老览观，孟子持
筹而算之，万不失一。此亦天下要言妙道也，太子岂欲闻之乎？'于是太子据几
而起，曰：'涣乎若一听圣人辩士之言。'涊然汗出，霍然病已。"
② 《七发》："客曰：'犓牛之腴，菜以笋蒲。肥狗之和，冒以山肤。楚苗之食，
安胡之饭，抟之不解，一啜而散。于是使伊尹煎熬，易牙调和……此亦天下之至
美也，太子能强起尝之乎？'太子曰：'仆病未能也。'"

因为他们原先是下等贵族，赖以生存的井田制^①瓦解了，只能以出卖自己的知识和能力为生。于是他们想办法找靠山，找到之后就为了他们的主公及其所代表的统治集团的利益四处奔走，施展浑身解数，以口舌为雄，于是策士应运而生——他们是战国时代游说诸侯国君的纵横之士，即出计策、献智谋、巧舌如簧的人。到了战国中期以后，各诸侯国的争霸过程日益白热化，这让策士们从中认识到：国力与军事固然是诸侯王的支撑，但政治斗争与外交策略也不能忽略，而后者往往决定于诸侯国王的一念之间。尤其在以商鞅变法为代表的列国变法运动发生之后，各国之间朝秦暮楚，邦无定交：秦国从西戎一跃而起，国力渐强，日益成为山东六国的心腹之患。六国多次"合纵"抗秦，而秦国巧妙地利用六国间的矛盾，你搭台我拆台，在范雎的建议之下"远交近攻"，逐渐地分化瓦解对手；六国之间也尔虞我诈，各怀鬼胎，压根儿不是铁板一块。历史的演进并不是十分理性的，千万人的性命取决于统治者个人的好恶。这样在长达百余年的"合纵""连横"斗

① 井田制有没有，即便有是否在商周社会是普遍现象，学者们讨论几十年，至今莫衷一是。《孟子》说它"方里而井，井九百亩"可不可信？他对滕文公讲井田，滕文公已经对此知之甚少。然而即便孟子爱说大话，要是他拿毫无历史根据的论据来说明道理，也不能令人信服。孟子所说把土田划成整齐划一的豆腐块，若说不顾地形放之四海皆准，自然不太可能，可如果是平原而非山地，井田也不是完全实现不了。

争大戏中,《史记》《战国策》以及大批诸子文献表明,策士把天下玩弄于股掌之中,分分钟可以决定将士的生死。看准了这一因素,士阶层中大量的以舌辩为雄的策士,纵横捭阖、上蹿下跳,只要嘴巴里的舌头还在,就会活跃在历史舞台上。①错综复杂的政治、军事、外交斗争是策士的温床,伶牙俐齿使他们大显身手。

他们不仅有一定的政治主张,而且在价值观上非常现实,只有利益。个人的功名利禄是最终出发点,张仪、苏秦、陈轸等人就是典型代表。为了游说统治者,他们可以见风使舵、曲意逢迎,更可以为了现实利益改写历史,谁名气大说谁,谁有冲击力说谁。伊尹这样的大人物自然是免不了被收拾一番的,其身世真真假假,有几分是古,有几分是今,战国策士比我们要清楚吧?

顾颉刚先生的理论很有启迪性。20世纪,著名古史学者顾颉刚先生,在学生时代看戏时,就注意到一个现象:同一出戏,随着历史的演变,剧情往往随着时代变化而不断被修改。他从戏曲观察逐渐扩展到历史研究,提出了一个重要的理论。

---

① 《史记·张仪列传》:"张仪已学,游说诸侯。尝从楚相饮,已而楚相亡璧,门下意张仪,曰:'仪贫无行,必此盗相君之璧。'共执张仪,掠笞数百,不服,释之。其妻曰:'嘻!子毋读书游说,安得此辱乎?'张仪谓其妻曰:'视吾舌尚在不?'其妻笑曰:'舌在也。'仪曰:'足矣。'"

1922年，顾颉刚为商务印书馆编写中学历史课本，打算把《诗经》《尚书》等古书中的上古史传说整理出来。他发现很多耐人寻味的现象，萌生了"层累地造成中国古史"的观点：古史传说有很多内容是后代人编的，添枝加叶、移花接木不算，就是完全杜撰也是可能的。在著名的《与钱玄同先生论古史书》一文中，他曾经说"时代愈后，传说中的中心人物愈放大"。①他举例，关于舜，舜被孔子时代的人们看成是无为而治的圣君，到《尧典》里就成了全方位积极有为的圣人，到孟子时代增加了"模范孝子"的内容。顾先生认为，一堆人都是编古史的好手，尤其是儒家学者。这样看，的确有一大堆历史故事完成于战国人之手。他们会依据这样或者那样的初衷改造古史，添油加醋、移花接木都是家常便饭，凭空杜撰也不是不可能——战国就是个纷乱复杂的时代。

---

① "层累说"是顾颉刚先生提出的考辨古史的重要方法论。在20世纪初西方进化论与实证主义思潮影响下，顾颉刚先生提出了"层累说"，既是历史观又是方法论。他主张：1.时代愈后，传说的古史期越长，如《诗经》只提到大禹，《尚书》有了尧舜，秦始皇时候有了三皇，汉朝有了五帝，汉魏之际有了盘古……越往后越不可信；2.时代愈后，传说中的人物愈放大，大舜的身份就逐步被放大；3.即使不能知道某一件事的真确的状况，至少可以知道那件事在传说中的最早的状况。我们看不到大禹治水的档案，但是知道后代晚出的文献中大禹治水的记载。顾颉刚先生的理论影响力非常大，对我们审视中国上古史，尤其是去伪存真会带来很大帮助。但进化论和实证主义不可机械使用，一旦陷入科学主义的渊薮（我们需要科学，但科学不是认识世界的唯一钥匙），就难免出现错误解读。

孟子不信邪

　　今天我们了解的上古历史故事，很多是战国古人讲出来的！这的确不假，需要今天人的审辨力。伊尹的故事斗转星移到了战国中期，传到了孟子的耳朵里。孟子老先生不信"伊尹以滋味说汤"的事，有个叫万章的人问孟子："有人说'伊尹通过做厨子来向汤求取前途'，有这么回事吗？"孟子答，不是这样的。伊尹在莘国的郊野种地，而以尧舜之道为乐。如果不合乎道，不合乎义，纵然把天下给他做俸禄，他也不会回头；纵然有四千匹马系在那里，他也不会看它们一眼。如果不合乎道，不合乎义，便一点也不给别人，也一点不从别人那儿拿走。[1]孟子说汤曾让人拿礼物去聘请伊尹，伊尹却平静地拒绝，说我要汤的聘礼干吗呢？我何不待在田野里，就这样以尧舜之道自娱呢？汤几次派人去聘请他，不久，他便完全改变了态度，说我与其待在田野里，就这样以尧舜之道自娱，又为何不让当今的君主做尧舜一样的君主呢？又为何不让现在的百姓做尧舜时代一样的百姓呢？我为何不让尧舜盛世在我这个时代被亲眼见到呢？天生下子民，使先知的人觉醒后知的人，使先觉的人觉醒

---

① 《孟子·万章上》："非其义也，非其道也，禄之以天下，弗顾也；系马千驷，弗视也。非其义也，非其道也，一介不以与人，一介不以取诸人。"

后觉的人①。想到天下之民，匹夫匹妇有不承受尧、舜之恩泽的，如同自己把他们推到沟中使之自生自灭一样。故而接近汤，商汤看好伊尹，最终伐夏救民。"吾未闻枉己而正人者也，况辱己以正天下者乎？"没听说过委屈自己能匡正别人的，也没听说过辱没自己能救天下的。圣人行为有不同，或远或近，或去或留，都是品行高洁的。我听说伊尹以尧舜之道向商汤求取前途，没听说是通过当厨子求取前途的啊。

问题在于，孟子说伊尹没有给商汤献殷勤的事，对吗？孟子也有很强的审辨性思维，但是孟子说的内容，似乎过于绝对了点。孟子的分析，塑造了伊尹的高大形象。虽然有理有据，但是实际生活中，臣子游说君主，如果这么大架子，动不动就是尧舜，肯定不会成功。"非其义也，非其道也，一介不以与人，一介不以取诸人"，是儒家士大夫的气概，表现出了高尚的情操，问题是现实人物是否真这么高尚？我们说历史是复杂的。我见过两个小宝宝，一辆车经过，一个说是挖土机，一个说是推土机，争执起来。这时候大人过去一看究竟，哑然失笑：这东西既能推土，又能挖土，历史也会开这样的玩笑。《吕氏春秋》《孙子兵法》和清华简把伊尹描述成一个有心机的人，甚至是间谍，这和改

① 《孟子·万章上》："予，天民之先觉者也，予将以斯道觉斯民也，非予觉之而谁也？"

朝换代的社会斗争背景是合拍的。当然早期文明和后代还不一样，没有那么复杂，社会简单，人心纯朴得多，孟子的说法也不是全然无根据。所以司马迁保留了两种说法，称得上是客观的态度。

第二章

疏食·孔子·儒者

孔子（前551—前479）是我国的文化巨人，更是人们眼中的圣人。他的达观乐天，用一句广为流传，连小孩子也会背的话就能说明。《论语·述而》说：

子曰："饭疏食，饮水，曲肱而枕之，乐亦在其中矣。不义而富且贵，于我如浮云。"

"疏食饮水"就有很多耐人寻味的文化背景。

"疏食饮水"的文化情结

"疏食"是什么呢？唐朝学者孔颖达有解释：

《礼记·丧大记》："君之丧……士疏食水饮，食之无箅。"孔颖达疏:"士疏食水饮者,疏,箍也;食,饭也。士贱病轻,故疏食,箍米为饭,亦水为饮。"

这是说面对大丧,士的饮食要降低标准,吃糠咽菜。居丧期间,丧主困病交加,没胃口,不能一顿一顿进食,所以有需要就吃一点,多了也咽不下去,这叫"食之无箅(suàn)"。"无箅"说的是不成数目,表示甚少。①箍(cū),古同"粗",指的是粗米,又作"麤"(cū)。《左传·哀公十三年》记载,吴国的贵族申叔仪,到公孙有山氏那里讨粮食。公孙有山氏是鲁大夫,申叔仪的旧相识。公孙有山氏回答说:"梁则无矣,麤则有之。"这里的"麤"是指粗粝带糠的谷物。糠,即稻、麦、谷子等农作物的皮或壳,也称"麤"。《淮南子·精神训》说:"珍怪奇异,人之所美也,而尧粝粢之饭,藜藿之羹。""粝(糲)"也作"糒",《说文》说:"糒,粟重一秬,为十六斗太半斗,舂为米一斛,曰

---

① 有趣的是,"无箅"("箅",即"算",指的是数量)也可以表示不计其数,极言其多。《周礼·春官·男巫》:"冬堂赠无方无箅。"郑玄注:"无箅,道里无数,远益善也。"《孔子家语·观乡射》:"降,脱屦升座,修爵无算。饮酒之节,旰不废朝,暮不废夕。"儒家还有"无箅爵""无箅乐"的说法,见《仪礼·乡饮酒礼》。"无箅爵"指古代某些重大典礼中,不限定饮酒爵数的饮酒礼,至醉而止。唐代罗隐《暇日有寄姑苏曹使君兼呈张郎中郡中宾僚》诗中说:"融酒徒夸无算爵,俭莲还少最高枝。""无箅乐"指的是典礼中演奏的无定数的乐歌,直到尽欢而止。《仪礼·乡饮酒礼》郑玄注:"《春秋》襄二十九年,吴公子札来聘,请观于周乐,此国君之无算。"

糒。"古人粟米吃得多，还带着壳，这就是古人的"疏食"①。几十年前，大米白面是稀罕物，粗米粗面常见；现在粗米粗面卖得比大米白面贵。孔子的意思是，吃糙米，喝凉水，弯着胳膊做枕头，知足常乐，悠哉悠哉。名气这么大的孔圣人，日子过得够苦的，但也有乐子。

在孔子眼中，干不正当的事而得来的富贵，看来好像浮云。这恐怕是历史上第一个"神马都是浮云"吧。于是就有了成语"饭蔬饮水"，形容清心寡欲、安贫乐道的生活。司马迁感慨，孔子那个时候乱套了。②大家都知道，孔子有救世的责任感，要力挽狂澜，但他命苦，颠沛流离。有人说他一辈子干了两件事。一件事是周游列国，要游说诸侯国君主听他的，恢复礼乐文明，结果惨败，一度在郑国被人形容成丧家狗。子贡一听，这人说的不就是我老师吗，告诉了孔子，孔子不以为意，自黑一把说，我就是丧家狗。另外一件事是招收门徒，打破了学在官府的限

---

① 也有说法，"疏食"可以解释成"蔬食"，也可通。《淮南子·主术训》说："秋畜疏食，冬伐薪蒸。"高诱注："菜蔬曰疏，谷食曰食。"这里的"疏"是指人工种植的蔬菜。古代有蔬饭的说法，就是将蔬菜切碎与饭同煮。蔬饭是粗茶淡饭。苏轼被贬岭南后，没啥可吃，于是抱怨："蔬饭藜床破衲衣，扫除习气不吟诗。"（《答周循州》）言下之意我都混成这样了，脾气秉性也改改吧。"秋畜疏食"就包括储藏蔬菜。

② 《史记·太史公自序》说："《春秋》之中，弑君三十六，亡国五十二，诸侯奔走不得保其社稷者不可胜数。察其所以，皆失其本已。故《易》曰：'失之毫厘，差以千里。'故曰臣弑君，子弑父，非一旦一夕之故也，其渐久矣。"

制，不是贵族也能读书了，他付出了巨大艰辛，成功了。① 这一辈子，可谓悲喜交加。

孔子心也够大的，其实这里有深层的文化背景。他"饭疏食，饮水，曲肱而枕之"也能"乐亦在其中"的观点，流露出积极乐观的一面，这是因为他内心充实。孔子是乐天派，事实上中华文明自古以来就有乐天知命的传统。如果讲忏悔，我有罪，我成天骨子里对不起这个对不起那个，吃糠咽菜乐不出来。有人说，中国人天生有股劲头，不信邪。老话讲"不信神，不信鬼儿，只信自己胳膊腿儿"，就很有代表性。发洪水了，不信神，我们信自己，大禹领着我们斗洪水。孟子说"仰不愧于天，俯不怍于人"，我没做亏心事，不怕鬼叫门。干吗不乐呵呢？

庄子比孔子更绝，老婆死了，他不哭，在灵柩前面鼓盆而歌，拿着个盆边唱边打节奏。别人说你过分了，他不以为意。没有天地之前只有一团气，现在他老婆回到一团气了，哭啥呀？

---

① 钱穆《国学概论》："开诸子之先河者为孔子。孔子生当东周之衰，贵族阶级尤未尽坏，其时所谓学者则惟礼耳。礼者，要言之，则当是贵族阶级一切生活之方式也。""孔子以平民儒士，出而批评贵族君大夫之生活，欲加以纠正，则亦非先例之所许也。故曰：'天下有道，则庶人不议。'明其为不得已焉。然贵族阶级之额运终不可挽，则孔子正名复礼之主张徒成泡影，而自此开平民讲学议政之风，相推相荡，至于战国之末，而贵族、平民之阶级终以泯绝。则去孔子之死，其间二百五十年事耳。""所谓诸子学者，虽其议论横出，派别纷歧，未可一概，而要为'平民阶级之觉醒'，则其精神与孔子为一脉。此亦气运所鼓，自成一代潮流。治学者明乎此，而可以见古今学术兴衰起落之所由也。"

他用理战胜了情，逍遥了。《庄子·让王》有一段话："古之得道者，穷亦乐，通亦乐。所乐非穷通也，道德（得）于此，则穷通为寒暑风雨之序矣。"那些得道的高人，不管身处何时何地，不管顺境还是逆境，都很快乐。所乐的事不是穷和通，而是人家得道了，那么"穷通为寒暑风雨之序矣"。不论顺境还是逆境，就像天冷天热、刮风下雨一样，没啥大不了的。道家也罢，儒家也罢，都不是苦气丧天。这不仅是中国文化使然，也是世界上许多智者的共性。①

《关雎》"荇菜"与"接舆"

孔子的时代，食材紧缺，"蔬""食"填饱肚子就不错了。即便在周文化重镇鲁国，许多菜也都是野菜，后来《本草纲目》

①　比如在古希腊古罗马流行的斯多葛主义，就认为宇宙是一个统一的整体，世间存在着一种支配万物的普遍法则，主张节制欲望，可以称之为"自然法"，有时它被称为"逻各斯"（logos）。这些学者是自然法理论的奠基者，很像庄子鼓盆而歌，在"神明的律法"面前人们应该有"斯多葛式的冷静"，清水面包，快乐一生。从罗马共和国后期以来，罗马人沉迷于物欲和权力，陷入互相仇杀；斯多葛主义认为只有恢复原来的那种简朴节欲，罗马才能长久，跟儒家的疏食饮水，以及道家的某些观点有相似之处。中西文明史上，那些"谋道不谋食"（《论语·卫灵公》）、心不违仁、"素富贵，行乎富贵；素贫贱，行乎贫贱"（《礼记·中庸》）的淡泊君子，也是不乏其人的吧？他们无论处在什么样的环境下，都让自己内心澄明和自足，成为那个时代不可多得的贤达。

把它们当作草。一般人更是如此了。比如说大家都熟悉的《诗经·国风·关雎》，写一个贵族男青年爱上了一个女青年：

关关雎鸠，在河之洲。窈窕淑女，君子好逑。

参差荇菜，左右流之。窈窕淑女，寤寐求之。

求之不得，寤寐思服。悠哉悠哉，辗转反侧。

参差荇菜，左右采之。窈窕淑女，琴瑟友之。

参差荇菜，左右芼之。窈窕淑女，钟鼓乐之。

"窈窕淑女，君子好逑"，屡次说"参差荇菜"，女青年在采摘。男子越看越觉得美，索性向女子表白了。这里的"荇菜"，古人解释成"接余"，是一种能吃的水草。按照汉代人的解说，这首诗说的是后妃之德，这让人不大懂；欧阳修和朱熹大胆猜测，这个男青年不是别人，是周朝的明君周文王。女的也不是别人，是文王的夫人、武王的母亲——太姒，著名的贤妻良母。[①]《诗经·大雅·思齐》有描述太姒的记载："思齐大任，文王之

---

① 《诗大序》："关雎，后妃之德也，风之始也，所以风天下而正夫妇也。故用之乡人焉，用之邦国焉。""《关雎》《麟趾》之化，王者之风，故系之周公。南，言化自北而南也。"欧阳修《诗本义》谓此诗："述文王太姒为好匹，如雎鸠雄雌之和谐尔。"朱熹《诗集传》："（淑女）盖指文王之妃大姒为处子时而言也。君子，则指文王也。"

母，思媚周姜，京室之
妇。大姒嗣徽音①，则百
斯男。"这里是说，文王
的母亲太任、文王的奶
奶太姜、武王的母亲太
姒都十分贤良淑德，后
人要继承她们的美德。
《关雎》的女主人是太姒

荇菜，[日]细井徇画，出自《诗经名物图解》

之说，是否可信？很值得我们思考。

　　有人说，这么对号入座，多牵强，读完了《关雎》，也没发
现主人公的身份线索；就是绞尽脑汁读五十遍，也未必明白所以
然。这个说法在五四以后非常流行，那时候提倡解放思想，把
《诗经》从封建礼教的背景中释放出来，还一个作者的真义。于
是毛传、郑笺、朱熹注和清代大儒的解说都不要了，而是从诗
歌本身入手，探索上古歌谣到底说了点什么。这样的思考是有
道理的，尤其破除了封建时代对《诗经》烦琐的牵强附会，让
一般读者走进上古先民的思维世界。道理很简单，《诗经》不过
是民谣，经过人们的口耳相传，被"太师"这类乐官所"采风"，

────────────

① "徽音"的"音"不仅是声音，也指名声。

进而进行了复杂的加工创作，呈现给帝王和其他贵族。①那么这些歌谣，哪有那么玄乎？这个说法不无道理，然而忽略了一点，古代学者的注疏，不只是牵强附会，也有大量对上古文化背景的介绍。其中许多内容，上古先民觉得习以为常，是属于他们那个时代低头不见抬头见的生活经验，不加解释人们也会懂；可是这些信息放在今天呢？人们很有可能不懂，也很有可能产生误读，这样的现象在今天汉语的语汇中也不少见，比如当下惯用的很多词汇，就和几十年前的汉语不一样。那么古人对《关雎》的解释，就有很大的合理性。其中就有一个有力证据：《关雎》诗中有琴瑟、钟鼓，那么这个人级别不会低，肯定是大贵族。《墨子·三辩》说：

> 昔诸侯倦于听治，息于钟鼓之乐；士大夫倦于听治，息于竽瑟之乐；农夫春耕夏耘，秋敛冬藏，息于瓴缶之乐。

---

① 《史记·乐书》言："州异国殊，情习不同，故博采风俗，协比声律，以补短移化，助流政教。"《汉书·艺文志》言："古有采诗之官，王者所以观风俗，知得失，自考正也。"《汉书·食货志》言："孟春之月，群居者将散，行人振木铎徇于路，以采诗，献之大师，比其音律，以闻于天子。"王通《文中子中说·问易》："诸侯不贡诗，天子不采风，乐官不达雅，国史不明变。呜呼！斯则久矣。《诗》可以不续乎？"

　　诸侯、大夫和农夫级别分明，诸侯才用钟鼓，这和《关雎》中男青年是周文王的推论合拍。而且编者把它放在《诗经》第一首，不是重量级人物也担当不起。那么贵族也不过吃水草，还得自己采摘，只不过赋予深刻的文化意蕴。这个水草"荇菜"，可不是一般的水草，很有说道呢！民国时期大学问家章太炎先生的《小学答问》有这样一段分析，非常有意思：

　　　　问曰：《说文》无嫱，《春秋左氏传》曰"以备嫔嫱"，"宿有妃嫱嫔御焉"，本或作墙，果墙字欤？答曰：阳鱼对转，墙声转则为序，墙、序一也，故声转亦为伃。（伃与序同从予声。）《说文》："伃，妇官也。"又曰："婕，女字也"；"嫚，女字也。"嫚、伃盖同字。汉妇官有婕伃，其名义盖先汉而有。杏曰接余，故《诗》以杏菜比淑女，以其声同婕伃，犹狸曰不来，以狸首比诸侯之不来者矣。妇官曰伃，借墙为之，毛嫱、王嫱亦本以墙借为嫚字，所谓女字者矣。

　　有人疑惑，《说文解字》这本解释古书的字典，"嫱"字怎么没有啊？王昭君不就叫王嫱吗？《左传》也有"以备嫔嫱""宿有妃嫱嫔御焉"的记载啊？太炎先生精通于文字音韵，深知上古时期"音近则义通"的道理，也就是说古人记录语言的文字，如果读音相同或者相近，那么它们的意义也大多相同或者相近。① 章太炎说，音韵学中"阳部"和"鱼部"有对转关系，读音接近，"墙"和"序"是一回事，"序"也可以转为"伃"，《说文》中有"伃"和"嬩"，就相当于"嫱"字，都和女官女字有关。汉宫女官有婕妤，仅次于皇后，按照太炎先生的思路，其名大概先于汉朝就有。荇（莕）又叫接余，故《诗经》以荇菜比淑女，因为它的读音就是"婕妤"。《汉书·外戚传》颜师古注："婕，言接幸于上也。妤，美称也。"那么婕妤的意思就是帝王身边的美女。人在水边见了接余，联想到美女婕妤，谐音通感。这样越说越离奇了，一个男子，居然想到帝王的女人"婕妤"，这是什么道理？只有一种可能，男子地位不低，似乎就是帝王。按照汉代人的解说，这首诗说的是后妃之德，实际上已经暗示给读者很多文化信息，只不过说得不明确。上文提到欧阳修和朱熹的大胆猜测，这个男青年不是别人，是周朝的明君周文王；女子不是别人，是周文王的夫人太姒，让人豁然开朗——虽然大胆，但也合乎一定的情理。如果我们结合钟鼓、琴瑟和荇菜这些文化信息来考察，这个说法并不是汉儒和朱熹他们的杜撰。

---

① 因为人们对于意义、类别、特征相似的事物，往往会用相同、相近的语音去表示；当时竹简上的文字靠书手来抄写，抄写量很大，很可能采取一人口述一人或者多人记录的方式，这样抄写速度加快，大量使用假借字，那么音近义通的现象就更有解释力。

孔子"删诗书"，对《关雎》颇有心得，想必他肯定熟悉"荇菜"与"接余"的典故！

《七月》的食材

就《关雎》来看，贵族也不过吃水草，还得自己采摘。另外还有一首著名的农事诗《诗经·国风·七月》，这首诗描写了一个农家一年到头的忙碌，自然也提到了古人吃什么，这个资料很重要。它说：

六月食郁及薁，七月亨葵及菽。八月剥枣，十月获稻。为此春酒，以介眉寿。七月食瓜，八月断壶。九月叔苴，采荼薪樗，食我农夫。

九月筑场圃，十月纳禾稼。黍稷重穋，禾麻菽麦。嗟我农夫，我稼既同，上入执宫功。昼尔于茅，宵尔索绹。亟其乘屋，其始播百谷。

二之日凿冰冲冲，三之日纳于凌阴。四之日其蚤，献羔祭韭。九月肃霜，十月涤场。朋酒斯飨，曰杀羔羊。跻彼公堂，称彼兕觥，万寿无疆。

可以把它翻译为现代汉语：

　　六月吃李和葡萄，七月煮豆和葵苗。八月打枣，十月收稻。做这个春酒，来祝贺长寿。七月吃瓜，八月割断葫芦，九月拣起麻子啰，采苦菜打些柴，养活我们农夫。

　　九月修筑打谷场，十月把禾稼收藏。早熟晚熟的黍子高粱，禾麻豆麦一起藏。嗟叹我们农夫，我们的庄稼既完工，还进到公爷的宫。白天去割茅草，夜里把绳打好。快些去修屋，到春天忙于种百谷。

　　十二月凿冰声冲冲忙，正月里把冰往冰室藏。二月里取冰祭祀早，献上韭菜和羔羊。九月里降下霜，十月里清扫打谷场。两壶酒可以上馐，再杀了羔羊，登那公爷堂，举起那兕角觥，说万寿无疆！　①

　　这首诗提到了农人的饮食，郁李、野葡萄、葵、豆、枣、稻米、葫芦、苦菜、谷子、黄米、高粱、粟、麻、麦，一大串吃的。今天的读者能清晰地感受到农人稼穑之艰辛和紧张忙碌，基本上一年到头，就为了填饱肚子。"叹我农夫命里忙！大伙庄稼刚收完，又要服役修官房。白天外出割茅草，晚上搓绳长又长。急急忙忙盖屋顶，开春要播各种粮。"吃得少干得多，为生计操碎了心。一种说法，这首诗是西周初周公所作。周公不仅是伟

---

①　周振甫：《诗经译注》，中华书局，2002年，第216、217页。

大的政治家，而且懂得民生之艰难。周人本身是农业民族，周人的先祖后稷，当过尧舜的农官，据说小的时候就有"特异功能"，种什么什么好。历代周族首领秉承这一传统，周文王爷爷古公亶父迁徙到岐山之下的周原，以周为国号。"周"在甲骨文中就是长满了粮食的田，据说这个地方的苦菜都能吃起来像饴糖，也就是我们祭灶王爷用的麦芽糖。周公也不忘记稼穑之艰难，写了这首诗。另一种意见，这首诗应该是春秋时候鲁国人所作。鲁国是周公的后代，有着丰厚的文化基础，并且以农耕立国。两种说法都流露着古代先民对农事的重视。以前说这一家可能是农奴，没有什么人身自由。但今天看，恐怕不是。这可能是一个大家族中附庸在宗主周围的小宗家庭。诗里最后说"跻彼公堂，称彼兕觥，万寿无疆"，是参加宗主的典礼，而且还用礼器兕觥，也就是犀牛杯，奴隶或者农奴是肯定接触不到的。他还对主上说"万寿无疆"，农奴也没这种资格。

饮食的规矩

让人疑惑的是，孔子一度对饮食提出了很高的要求，不少人说他太苛刻，这不行那也不行。《论语·乡党》说："食不厌精，脍不厌细。食饐而餲，鱼馁而肉败，不食。色恶，不食。臭恶，不食。失饪，不食。不时，不食。割不正，不食。不得其酱，不食。

肉虽多，不使胜食气。惟酒无量，不及乱。沽酒市脯不食。不撤姜食。不多食。"孔子认为，粮食不嫌舂得精，鱼和肉片不嫌切得细，否则难以消化。粮食霉烂发臭，鱼和肉腐烂，都不吃，否则吃坏了肚子，感染肠道。① 食物颜色难看，不吃，样子不正常，保不齐有害。气味难闻，不吃，已经腐败了。烹调不当，不吃，不卫生。不到该当吃食的时候，不吃，反常，伤害身体。不是按一定方法切割的肉，不吃，不规矩，不美观，儒家最讲

① 直到今天，我们还用"脍炙人口"这个成语，形容某种事物有市场。"脍"就是切细的生肉。脍不厌细是为了追求口感，人们要吃的，《孟子·尽心下》记载，春秋时候曾子的父亲曾皙，爱吃一种叫羊枣的果子，俗称"羊矢枣"。曾皙死了，儿子曾子便不再吃羊枣，因太伤心。孟子身边的公孙丑，不明白这事，问孟子："脍炙与羊枣孰美？"孟子毫不犹豫地说："脍炙哉！""脍炙人口"的"脍炙"，脍是指细切的肉、鱼，脍炙是切碎的烤肉。"帚（扫）地树留影，拂床琴有声……皆脍炙人口"（王定宝《唐摭言》卷十），脍炙人口比喻好的诗文受到人们的称赞。《礼记·少仪》中古人说："牛与羊鱼之腥，聂而切之为脍。""聂（摄）而切之"，是说先抓住大块的"膂"，而后切之为细碎的"脍"，这就显示出厨师的刀功。自唐代以后，生食鱼肉慢慢减少，人们认识到了它的健康隐患。《三国志·魏书·华佗传》有记载：广陵太守陈登得病，"胸中烦懑，面赤不食"。华佗诊脉之后说："府君胃中有虫数升，欲成内疽，食腥物所为也。"这就是常吃生鱼片吃的呀！"即作汤二升，先服一升，斯须尽服之。"之后奇迹发生了，"食顷，吐出三升许虫，赤头皆动，半身是生鱼脍也，所苦便愈"。华佗还说："此病后三期当发，遇良医乃可济救。"后来果然三年后复发，"时佗不在，如言而死"。东汉张仲景所著《金匮要略·禽兽鱼虫禁忌并治》专门载有人染寄生虫的途径："食生肉，饱饮乳，变成白虫。""食脍，饮乳酪，令人腹中生虫，为瘕。"人们认识到肉类寄生虫感染的隐患，并采取了措施。雄黄就有驱虫之效，赤小豆当归散、甘草泻心汤也是常用的方剂。

规矩。没有一定调味的酱醋，不吃，不可口。席上的肉虽然多，吃肉不超过主食，主次分明。只有酒不限量，却不至醉，否则失态。商朝人纵酒亡国，周公说商朝人的腥臭味天帝都闻到了，所以降下灾难。周公旦封小弟康叔为卫君，令其驻守故商墟，以管理那里的商朝遗民。这地方不好管，他告诫年幼的康叔：商朝之所以灭亡，是由于纣王酗于酒，淫于妇人。周公下了禁酒令，是《尚书》中的《酒诰》，提出"无彝酒"。"彝"是常的意思。要求人们不要经常饮酒，喝多了闹事，只有祭祀时才能饮酒。还要执"群饮"，禁止民众聚众饮酒，对于聚众饮酒之人，抓住后处以极刑。虽然周公有鉴于商人纵酒亡国而下过禁酒令，但此时早就废了，礼坏乐崩，全看贵族自己。买来的酒和肉干不吃，怕不干净，尤其是祭祀场合。吃完了，姜不撤除，但吃得不多，因为姜是好东西，通神明，去秽恶，今天厨师还拿它调味，尤其是海鲜和姜搭配，去寒气。中医拿它行气活血，当药引子，汗流浃背，说明药效到了。甚至拿它来止吐，孕妇怀孕，恶心，用姜汁。它不撤掉，但不多食，适可而止。吃多了辣心，有刺激。

　　有人说，这不是穷讲究吗？我们能从中看出孔子的贵族范儿。孔子是贵族，殷商微子之后，礼数少不了。他徒弟颜回死了，颜回爸爸颜路问能不能卖了您的车当丧葬费，孔子说不行，贵族不能徒步。关键是他多喜欢颜回啊，颜回死时他号啕大哭，不能自已。我们就能理解为什么平常吃饭孔子那么多讲究了，

人家是贵族，贵族有贵族的礼。如果从饮食卫生的角度考虑，
这一堆话，堪称高论。

　　孔子虽然讲究精致，但是也得吃糙米，有的吃就不错了。
据《史记·孔子世家》记载，齐景公时，孔子赴齐国寻求机会，
齐景公最初挺喜欢他，后来孔子却遭到齐大夫的排挤，齐景公
最后也明确表示："吾老矣，弗能用也。"您该哪儿去哪儿去吧。
孔子于是离开齐国返回鲁国，怕人加害，很狼狈。《孟子·万
章下》中孟子描述孔子这时候是"接淅而行"，就是还没把淘好
的米滤干，就一溜烟儿跑了。淅，本指淘米，这里指淘好的米。
因为要逃命，淘米水哩哩啦啦洒着就跑了。为啥不丢下米直接
跑？因为不带着米没得吃啊。晴带雨伞，饱带干粮。古人要出
远门，经常遇到前不着村后不着店的时候，即使腰缠万贯，若
错过驿站村舍，也没地儿买吃的。所以，古人出门时，无论贫富，
必得带足干粮。《诗经·大雅》中的《公刘》一诗写道："乃裹
糇粮，于橐于囊。"意思是，带着干粮准备远游，大包小包都装
得满满的。有人问，孔子怎么不买着吃啊？古代可没有这么好，
没有那么多旅馆，出了城邦就是荒郊野岭，周代是一个个封国，
周围是荒野。这些地区有蛮夷和禽兽出没，谁吃谁，还不一定呢。
普通人一旦出行，都是自己带粮食。《庄子·逍遥游》说："适莽
苍者，三餐而反，腹犹果然；适百里者，宿舂粮；适千里者，三
月聚粮。"意思是，去郊外看看，踏踏青，带上三顿饭就可以了；

到百里之外，就得带着更多干粮了；倘若要去千里之外，则要从出发前三个月就开始准备粮食。

据说孔子周游列国时，被仇家堵截在陈蔡而绝粮。当时七天没吃上饭，面有菜色，站不起来，司马迁在《史记·孔子世家》中描写，叫"莫能兴"。弟子们产生了分化，有人抱怨老师，有人嘴上不说心里说。颜回出来挺老师，说老师多好哇，要是咱们精神境界不够，是咱们的问题，应该反省。可今天不是啊，水平够了，还碰壁，是诸侯国君主的耻辱啊。孔子很感动，深以为然。《吕氏春秋·任数》描绘得更有鼻子有眼，说孔子在陈国和蔡国之间缺粮受困，饭菜全无，七天没吃上米饭了，只能睡觉解饿。孔子白天睡在那儿，颜回去讨米，居然还真有人给。讨回来后煮饭，快要熟了，孔子冷眼间突然看见一幕：颜回用手抓锅里的饭吃。在今天，这事没啥，但孔门规矩大，什么都得尊卑有序。孔子心想这过分了吧，老师还没吃呢，长者先幼者后啊。孔子不高兴，但也没说什么。一会儿，饭熟了，颜回请孔子吃饭，孔子假装没看见，蹦出一句："今者梦见先君，食洁而后馈。"意思是说刚刚我梦见先人，我自己先吃干净的饭，然后才给他们吃。这叫话里有话，我应该把干净的饭给长辈吃，言下之意：你呢？颜回何等聪明，听出老师的言外之意，马上解释说："不可。向者煤室入甑中，弃食不祥，回攫而饭之。"颜回回答道，您误会了，不是那样的，刚刚炭灰飘进锅里弄脏了米饭，丢掉又不好，我就抓来吃了。战国时候人们已经用煤了，甑是饭锅。孔子才意识到自己错了，误解了颜回，颜回哪儿是目无长辈的人啊！我这是小人之心了啊！孔子叹息道：按说应该相信眼睛看见的东西，但是眼睛也不一定可信；应该相信自己的心，自己的心也不完全可信。你们记住，要了解人实在不容易啊。《吕氏春秋》用这个故事来说明知人之难，即便是圣人孔子，也会误会颜回。人的认识总会被感官蒙蔽。这个故事是真是假呢？我们说战国诸子书里，好些故事有鼻子有眼，但不可信。《论语》没说，吕不韦的门客们怎么会知道呢？而且孔子能让颜回去讨米，那他们怎么不跑呢？煤在当时虽然已被使用，但是荒郊野岭找煤也不是容易的事吧？老师和弟子间的误会，又是谁听来的？这些都很可疑。我们能够看到，战国人淘米煮饭已经是常事，并且没提什么"疏食"，条件进步了。

　　孔子是贵族，不直接从事农业生产。我国古代的主要农作物通称为"五谷"，春秋时候似乎就这么说。《论语·微子》记载，子路跟着孔子走，却落在了后面，碰到一个老者，后来被称为荷蓧丈人。孔子周游列国时碰到过不少这样的怪人。子路问道："您看见我的老师了吗？"老者道："四体不勤，五谷不分。孰为夫子？"说完，便把拐杖插在一边去锄草。子路拱着手恭敬地站着。他便留子路到他家住宿，杀鸡、做饭给子路吃，又叫两个儿子出来相见。第二天，子路见到孔子报告了这件事。孔子说：

"这是位隐士啊。"叫子路回去再看看他。子路到了老者家，他却已出门了。"四体不勤，五谷不分"是说孔子的，今天看来似乎是偏激之辞。为什么这么说呢？所谓"五谷"，历来注释不一，一说指"麻、黍、稷、麦、豆"[①]；一说指"稻、黍、稷、麦、菽"[②]；一说指"稻、稷、麦、豆、麻"[③]；一说指"粳米、小豆、麦、大豆、黄黍"[④]。从上面对五谷的各种解释来看，大体上可分为两类：一是指粮食作物，二是指粮食作物外加经济作物麻。这些文献学者对五谷有研究，不会五谷不分。孔子是儒生的祖师爷，也不会五谷不分。《史记·孔子世家》说："孔子贫且贱。及长，尝为季氏史，料量平；尝为司职吏而畜蕃息。由是为司空。"是说孔子父亲死后，家境贫寒。等到孔子长大成人，曾经做过季氏手下的官吏，管理统计准确无误；又曾做过司职的小吏，使牧养的牲畜繁殖增多。由此出任司空。孔子不可能没有这些起码的生活经验，否则没法算账，也不可能让牲口肥壮。荷蓧丈人可能是一时心血来潮，口无遮拦；或者是开玩笑。毕竟他还请子路吃了饭呢。

孔子很谦虚，不是他看不起农业生产。春秋时不仅种植粮

---

① 《周礼·天官·疾医》郑玄注。

② 《孟子·滕文公上》赵岐注。

③ 《楚辞·大招》王逸注。

④ 《素问·藏气法时论》王冰注。

食作物和经济作物，而且果树、蔬菜等副产也相当发达，园圃业已从大田农业中分离出来，成为独立的行业。孔子不是专门的农人，所以不敢充行家。《论语·子路》记述樊迟向孔子请教如何种田，孔子说："吾不如老农。"又问如何种菜，孔子又说："吾不如老圃。"孔子和樊迟的问答将种田和种菜分开，说明在时人心目中已是两个不同的行业，种菜的地方专称"圃"，种菜者独名"老圃"，表明园圃业自成一体，已是独立的副业。孔子意思是，你问专家去吧。

相对于吃饱喝足，孔子更想要的是精神境界的满足。《论语·学而》中孔子说："君子食无求饱，居无求安，敏于事而慎于言，就有道而正焉，可谓好学也已。"意思是说，君子吃食不要求饱足，居住不要求舒适，对工作勤劳敏捷，说话却谨慎，到有道的人那里去匡正自己，这样可以说是好学了。《论语·雍也》孔子称赞爱徒颜回："贤哉，回也！一箪食，一瓢饮，在陋巷，人不堪其忧，回也不改其乐。贤哉，回也！"颜回多么有修养呀！一竹筐饭，一瓜瓢水，住在小巷子里，别人都受不了那穷苦的忧愁，颜回却不改变他自有的快乐。颜回多么有修养呀！《论语·述而》说："子在齐闻韶，三月不知肉味。曰：'不图为乐之至于斯也！'"孔子在齐国听到韶的乐章，很长时间尝不出肉味，于是道："想不到欣赏音乐竟到了这种境界。"肉还不如音乐好。

第三章

肉・屈原・楚俗

屈原（前340—前278）是楚国诗人，也是饮食家。在对中国文学影响重大的《离骚》中，屈原自始至终以芳草自喻，把楚怀王比喻成美人，对美人依依不舍，一往情深，缠绵悱恻。这给人们带来一种感觉，屈原餐风饮露，像神仙一样。

屈原的形象

　　《离骚》明确说："朝饮木兰之坠露兮，夕餐秋菊之落英。苟余情其信姱以练要兮，长顑颔亦何伤。"这句话的意思是说，早晨我饮木兰上的露滴，晚上我用菊花的残瓣充饥。只要我的情感坚贞不渝，形销骨立又有什么关系。

　　我们对这位伟大诗人的第一印象，来自几幅广为流传的绘画。非常典型的一幅，就是明末清初陈洪绶的《屈子行吟图》，是木刻版画，系《九歌图》之一。屈原行吟泽畔，在环境景物

衬托下，孑然独立。他佩长剑，戴高冠，宽袍大袖，双手交叉
置于胸前，徘徊踱步，若有所思；其面容清癯（qú），双目忧
郁，神情凝重。清瘦的面庞，高高的帽子，和宽大的衣袍形成
了极大反差。这幅四百多年前的人物画，是不加设色的白描创
作，以线造型，使黑白映衬，直接凸显了独特的线条之美。①《屈
子行吟图》对后世影响较大，以至齐白石、徐悲鸿这样有名的
画家绘制的屈原画像，都有陈洪绶这幅图的影子。无论是在《屈
子行吟图》还是在后来画家的作品中，不管周围景色是湘江还
是花草，屈原都是以消瘦且孤独的形象出现。只有如此，才能
展现屈原美好高洁和坚毅的品质。

　　几十年前，郭沫若先生看了湖南新出土的战国时期《人物
御龙帛画》后，浮想联翩，诗兴大发，写下了《西江月·题长
沙楚墓帛画》，将战国画中峨冠博带的人物，与清隽高洁、气宇
轩昂的三闾大夫屈原相比：

　　　仿佛三闾再世，企翘孤鹤相从。

―――――――――

① 万历四十四年（1616）冬天，时年18岁的陈洪绶为友人所著的《楚辞述注》
作插图。他的插图依照屈原《九歌》所作，共十一幅，两天即告完成。当时陈洪
绶居于浙江绍兴，师从浙东进步学者刘宗周，深受其爱国思想的熏陶，与学友
一起研读屈原的《离骚》，为屈原的崇高品德及其爱国精神所感动，又单独创作
了表现屈原出行吟诗场景的图画，定名为《屈子行吟图》。（钱汉东：《陈洪绶与
〈屈子行吟图〉》，《中国文物报》2017年5月30日第六版）

陆离长剑握拳中，切云之冠高耸。

上罩天球华盖，下乘湖面苍龙。

鲤鱼前导意从容，瞬上九重飞动。

经过复原，这幅帛画的人物跃然纸上，形象生动传神，尤其是人物面部的线条精微而细腻，胡须眉毛都被细腻地刻绘出来。服饰的线条流畅舒展，极富质感，在中国绘画史上占有重要一席。

它在 1973 年出土于长沙子弹库楚墓一号墓穴，现收藏于湖南博物院。这个古墓说来也神奇，1942 年，正值抗战艰难时期，国运不昌，长沙子弹库楚墓惨遭盗掘，国宝级文物楚帛书 ① 流失海外。后来人们发现，当年盗墓贼所打的盗洞并不深，只打到放置随葬物的边箱上部，墓中文物并未全部盗走。而《人物御龙帛画》被古人放置在椁盖板与棺木中间的隔板上，这才

① 又被蔡季襄先生等称为"楚缯书"，缯是古代丝织品的总称。1942 年，学者蔡季襄从某"土夫子"（南方对盗墓贼的称呼）处获悉湖南长沙市东郊子弹库盗掘了一座古墓，赶到现场发现坑沿有一团状物，似乎是被揉皱的"纸张"，后经审视鉴定系晚周时代的丝织品。蔡季襄潜心于缯书的考证，写成《晚周缯书考证》。当时经费艰难，他自费出版了《晚周缯书考证》，当即引起学术界轰动。蔡季襄先生在 1974 年给中山大学商承祚教授的信件（见 1998 年《湖南省博物馆文集第四辑》）中叙述了缯书被骗，后来流失到美国的经历，该文物现保存在美国大都会艺术博物馆。

人物御龙帛画（战国），长沙子弹库一号楚墓出土，湖南博物院藏

逃过一劫，时隔两千多年依旧完好。1973 年，湖南省博物馆
组织发掘队，从考古的角度重新发掘该墓，学者们进一步弄清
了墓葬的形制结构，还出土了一批文物，以新发现的《人物御
龙帛画》最为瞩目。《人物御龙帛画》是战国中晚期的作品，
作者不明，创作的绢本水墨淡设色画作，画上端有竹轴，轴上
有丝绳，为一幅可以垂直悬挂的幡，专家把它定为战国时期楚
国墓葬中用于引魂升天的"铭旌"，属于"非衣"性质①。也有
学者把这幅帛画和马王堆汉墓出土的著名的 T 形帛画联系起来
研究，认为楚汉帛画具有一脉相承的关系。文化史学者萧兵先
生曾在《引魂之舟——楚帛画新解》②中提到，《人物御龙帛画》
的"龙"代表灵魂所乘坐的舟船，应称它为"魂舟"，鹤也与
导魂和载魂有关。在古代礼书中，就有在丧仪中使用这类帛画
的，后代一直延续。

　　画面正中描绘一有胡须的男子，应该就是墓主人。他侧身
直立，腰佩长剑，手执缰绳，驾驭着一条巨龙。龙描绘得非常
细致，头高昂，尾翘起，身平伏，仿佛是龙舟。在龙尾上部站

---

① 古人在发丧出殡时，要挂一个"幡儿"在逝者的灵柩前，上面写明死者信息，
民间有俏皮话说"娶媳妇儿打幡儿——起哄凑热闹"；"非衣"就是一种旌幡，是
在帛上绘出图画，画面主题内容是"引魂升天"或是"招魂安息"，入葬后就把
它当作随葬品盖在棺上。
② 《湖南考古辑刊》1984 年第 1 期。

着一只鸟，似乎是鹭，或是仙鹤[1]，它圆目长喙，顶有毛，仰首向天。画的上方为舆盖，三条飘带随风拂动。左下角为一鲤鱼。画面中舆盖的飘带、人物衣着和龙颈所系的缰绳，由左向右拂动，迎风而行，动感十足。龙、鸟、舆盖，营造出一种神秘感，"浩浩乎如冯虚御风，而不知其所止；飘飘乎如遗世独立，羽化而登仙"（苏轼《赤壁赋》）。学者结合战国时代神仙思想的盛行情况，确认整个帛画的内容反映了楚人死后乘龙驾凤、灵魂升天的思想。屈原在《楚辞·九章·涉江》中提到他自己的状貌："带长铗之陆离兮，冠切云之崔巍。"屈原描绘的就是这种头戴高冠、腰佩长剑的贵族形象，两者若合一契。郭沫若先生目睹这幅杰作之后，感慨这仿佛三闾再世，"陆离长剑握拳中，切云之冠高耸"，还有"华盖""苍龙"和"鲤鱼"，这不就是屈原塑造的形象吗？郭老和浪漫气息十足的屈原有共鸣，依据文献把两者牵和在一起。长沙子弹库楚墓的主人虽难确定是谁，但他一定是楚国上层，从饮食起居到宗教信仰都体现着浓郁的战国楚俗。屈原的生活，和子弹库楚墓的主人应当有很多相似之处。《庄子·逍遥游》里有一段神奇的记载："藐姑射之山，有神人居焉：肌肤若冰雪，绰约若处子；不食五谷，吸风饮露；乘云气，御飞龙，而游乎四海之外。"姑射山上住着一个神仙，皮肤白得像冰

---

[1] 郭沫若先生说"企翘孤鹤相从"。

雪，像未出嫁的女子一样风姿绰约，不吃人间五谷杂粮，吃露水。能腾云驾雾，坐骑是一条飞龙，经常在海外游玩。这是神仙境界，屈原是这样吗？

"朝饮木兰之坠露兮，夕餐秋菊之落英"，从这样的句子来看，屈原的神仙范儿十足。

古人觉得露很不得了。汉武帝好神仙之道，据说他让人弄了一个承露盘，为的是延年益寿。具体做法是，用铜的承露盘承天露，和玉屑饮之，欲以求仙。甘露清洁、甘甜、养人，是不可多得的圣物；玉在自然界长存，人能如玉，是人们追求的境界。然而玉磨成粉屑后和露水饮用，这滋味也不好受。通过它来求长寿，更是缺乏科学根据①。但为了求取这来自上天的纯正的清露，汉武帝在柏梁宫建造了非常高的铜质承露盘。《汉书·郊祀志上》记载："其后又作柏梁、铜柱、承露仙人掌之属矣。"颜师古注引《三辅故事》："建章宫承露盘，高二十丈，大七围，以铜为之，上有仙人掌承露，和玉屑饮之。"这么大的铜盘，一定经过精心设计，有其收取露水的特定方式和技术。后代也多有效法的人，比如三国时候的魏明帝，曾下令将承露盘从长安搬运至洛阳，可惜毁于途中。三国魏曹植还写过《承露

---

① 有人说这可以补充人体微量元素，但是玉屑经过碾磨，颗粒仍旧较大，溶于水中的微量元素也十分有限；况且许多重金属元素对人有害。

盘铭》，说："固若露盘，长存永贵。"北京的圆明园中也有仙人承露台。

《道德经》第三十二章："天地相合，以降甘露。"《列子·汤问》："庆云浮，甘露降。"甘露被人们认为是天地交合的祥瑞征兆，只有阴阳调和、天地交泰才可能出现，它催生了生命。东方朔《非有先生论》："甘露既降，朱草萌芽。"《汉书·宣帝纪》记载"凤皇集泰山、陈留，甘露降未央宫"，进而皇帝非常欣慰，"获蒙嘉瑞，赐兹祉福，夙夜兢兢，靡有骄色"，把这些祥瑞看作上天降下的福祉，让自己避免骄傲，时刻兢兢业业。当然这都是官方辞令。李时珍在《本草纲目·水部》记载了许多与露有关的养生保健知识。露水，"主治"中记载，"秋露繁时，以盘收取，煎如饴，令人延年不饥""百草头上秋露，未晞时收取，愈百疾，止消渴，令人身轻不饥，肌肉悦泽""百花上露，令人好颜色"。甘露，"释名"中引《瑞应图》说："甘露，美露也。神灵之精，仁瑞之泽，其凝如脂，其甘如饴，故有甘、膏、酒、浆之名。""主治"中记载："食之润五脏，长年，不饥。"从李时珍的记述中，我们能看出古人把露看作十足的神品，不仅要从自然界采集，还得抓住某些时间，否则过时不候。还能够煎得像饴糖一样甜美，能滋润身躯，延年益寿，使人返老还童。这么神乎其神的描述，似乎说的不是普通的露水，也有人说露水会和花粉等植物分泌物混在一起，所以有甘如饴、凝如脂的现象，屈原就说的是"饮木兰之坠露"，露水会沾染木兰的分泌物。当然这里存在一定的夸大与神化色彩。

秋菊是菊花的别称。鞠、黄花、菊华、秋菊说的都是它。它是世界上最早的观赏植物之一，还是著名的药食同源性植物。《礼记·月令》说季秋之月"鸿雁来宾，爵（雀）入大水为蛤，鞠（菊）有黄华（即黄花）"。历代的诗人们爱菊、咏菊，晋代陶渊明的"采菊东篱下，悠然见南山"脍炙人口。屈原说的"夕餐秋菊之落英"，对人们影响很大，此后菊花逐渐成为食材，到了今天，"凉拌菊""炸菊花""菊花粥""菊花火锅""菊花肉""菊花鱼球""菊花鲈脍""菊花粥"等，成为菊花的名吃。李时珍说它"苗可蔬，叶可啜，花可饵，根实可药，囊之可枕，酿之可饮，自本至末，罔不有功"，非常神奇。但是喝露水，吃菊花瓣，哪来的热量啊。不要说长肉，就是延续性命都不容易，所以历代绘画中的屈原，都是骨瘦如柴。

《招魂》的故事

《史记·屈原贾生列传》说："屈原者，名平，楚之同姓也。为楚怀王左徒。博闻强志，明于治乱，娴于辞令。入则与王图议国事，以出号令；出则接遇宾客，应对诸侯。王甚任之。"

屈原与楚国的王族同姓，他曾担任楚怀王的左徒，也就是副宰相，在楚国的内政外交中发挥巨大的作用，楚怀王一度很信任他。这都说明，屈原作品反映的就是楚国贵族生活的缩影。

若不是有他的记载，许多楚国美食都会湮没在历史长河中。在一部悼念楚怀王的《招魂》诗里，他也不忘在描述完天堂地狱之后直奔吃的主题：在大米、小米、黄粱等主食之外，肥牛蹄筋又软又香，有酸苦风味调制的吴国羹汤，烧甲鱼、烤羊羔还加上甘蔗汁，醋烹的天鹅、焖野鸡、煎肥雁和鸧鹒，还有卤鸡和炖龟肉汤，拿这些美味来吸引死者灵魂归来。这是怎么回事呢？

朱熹《楚辞集注》说："古者人死，则使人以其上服升屋，履危北面而号曰：皋！某复。遂以其衣三招之，乃下以覆尸。"古代礼书也有这些记载。古人认为，人刚死时，灵魂还不会消失，而是围着故里，尤其是生前的居所转悠，留恋人间不想走。这时候要做的一个工作就是招魂，拿着死者的衣服，登上屋顶，喊魂兮归来，备不住人能起死回生。当然这是迷信的做法，人死了，招魂也是白招。《楚辞·招魂》中招的是谁，历来有两种说法。司马迁《史记·屈原贾生列传》说："余读《离骚》《天问》《招魂》《哀郢》，悲其志。"认为《招魂》是屈原的作品，招的是楚怀王的魂。招魂是古代的一种迷信活动。巫术统治下的楚国，这种活动更为盛行。《史记·屈原贾生列传》记载，公元前299年，一肚子花花肠子的秦昭王，想与楚国通婚，要和楚怀王会面。楚怀王头脑简单，一度被张仪耍得团团转。这个时候他还利令智昏，记吃不记打，想要赴约。屈原说："秦虎狼之国，不可信，不如毋行。"秦国是虎狼一样的国家，怎么能信它呢。但楚怀王的小儿子子兰鼓动怀王："怎么可以断绝与秦国的友好关系！"怀王最终前往。一进入武关，就进圈套了，"秦伏兵绝其后，因留怀王，以求割地"。下面的事情谁也没想到，楚国不可一日无君，楚怀王的儿子，更懦弱的楚顷襄王登基，怀王被秦人攥在手里，"怀王怒，不听。亡走赵，赵不内。复之秦，竟死于秦而归葬"。楚怀王很愤怒，不接受秦国的要挟。他逃往赵国，赵国不接纳。只好又到秦国，受尽折磨，最后气死在秦国，尸体运回楚国安葬。

《招魂》当作于楚顷襄王三年（前296年），这时秦欲与楚修好，归还怀王灵柩，"楚人皆怜之，如悲亲戚"（《史记·楚世家》），楚人同情怀王这个国君，固然他短视、糊涂，但这时应同仇敌忾，并且楚怀王被囚于秦时，不肯割地屈服，总算有些骨气。对比只想苟安的顷襄王，人们更是怀念怀王。尤其是屈原，曾受怀王信任和重用，后来被逐，但总希望怀王有所觉悟。怀王一死，楚国又面临亲秦、拒秦的斗争。屈原写作《招魂》，即认同楚人"如悲亲戚"之情，其中自然就包含了抗秦之心。这苍凉的招魂调，是楚国民间招魂的形式，屈原进行了采编加工，来表达自己对楚怀王的悼念和热爱楚国的感情。因此，《招魂》

含有较丰富的思想内容，既有民间的，也有庙堂的。

但是，汉朝学者王逸的《招魂》题解却说："《招魂》者，宋玉之所作也。"他说宋玉怜哀屈原"忠而斥弃，愁懑山泽，魂魄放佚，厥命将落。故作《招魂》，欲以复其精神，延其年寿，外陈四方之恶，内崇楚国之美，以讽谏怀王，冀其觉悟而还之也"。按照王逸所说，是因为弟子宋玉感觉自己的老师屈原太惨了，不仅被陷害，被流放，还命将不保，所以用这种巫术给老师祈福延寿。可是，这是招魂，屈原还没死，怎么能招魂呢？活出丧令人延寿的法子，古人不是没有，朱熹说"而荆楚之俗，乃或以是施之生人"，屈原魂不守舍，精神异常，宋玉要把老师的魂招回来。但这法子一般人不用，没见过啥活人招魂的，这个解释有些离谱。并且王逸怎知宋玉的所思所想？他明显是推测，附会的痕迹比较重。现在大多数学者都采用第一种说法，即《招魂》应是屈原招楚怀王的魂。从屈原的履历以及思想价值观看，这个说法能说得通。

有好吃的，回来吧

《招魂》说，天帝告诉巫阳说："有人在下界，我想要帮助他。但他的魂魄已经离散，你占卦将灵魂还给他。"巫阳很不情愿，回答说："占卦要靠掌梦之官，天帝啊，你的命令其实难以遵从。"

但在天帝的一再要求下，巫阳没办法了，只好听天帝的，于是降至人间招魂说："魂啊回来吧！何必离开你的躯体，往四方乱走乱跑？舍弃你安乐的住处，遇上凶险怎么办呢？"其中又说："魂兮归来！何远为些？室家遂宗，食多方些。"说灵魂啊！快回到你的身上！为什么你还要跑远？宗族举行祭祀飨亡魂，摆出的供品各种各样。宗，指聚集到一起举行祭祀。古人祭祀祖宗是大礼，把各式各样的好吃的摆出来，事死如事生。《红楼梦》里贾敬作神，贾珍收礼，看起来是给贾敬上供过生日，吃东西的却是贾珍。值得推敲的是，楚国的先祖挺馋的。《礼记·乐记》说："大飨之礼，尚玄酒而俎腥鱼，大羹不和，有遗味者矣。"祭祖的大事，合祭的礼仪，崇尚玄酒，盘中盛的是生鱼，肉汁也不调味，食物的味道也没有达到完美，并不是要极尽口腹耳目之欲，而是为了用礼乐来教导民众，让贵族懂得节制，返璞归真。这个和楚国人大不相同。灵魂回来，居然得拿吃的引诱。

"稻粢穱麦，挐黄粱些。大苦咸酸，辛甘行些。""粢"（zī）是小米。"穱"（zhuō）是早熟麦。"挐"（rú）是掺杂。供品中有各色精细粮食，大米、小米掺杂黄粱，也就是黄小米。不同口味的细粮，加上黄小米，口感错不了，有苦的咸的酸的，辣和甜这些味道也用上，分外独特。

"肥牛之腱，臑若芳些。和酸若苦，陈吴羹些。""腱"是蹄筋，"臑"通"胹"（ér），是炖烂，"吴羹"是吴地浓汤。一碗碗肥牛的蹄筋，炖得烂熟，散发出肉香气。陈列吴国厨师所做的羹汤，调和了食物酸味和苦味。吴国厨师看来以煲汤著称。

"腼鳖炮羔，有柘浆些。鹄酸臇凫，煎鸿鸧些。""腼"是炖，"炮"是烤。"柘（zhè）浆"是甘蔗汁。鹄酸，据闻一多校，当作"酸鹄"。"鹄"是天鹅，"臇"（juǎn）是少汁的羹。"鸿"是大雁，"鸧"（cāng）是鸧鹒，即黄鹂。还有清炖甲鱼、火烤羔羊，烧菜时调味的还有甜浆。酸烹天鹅肉，野鸭炖浓汤，煎炸的鸿肉鸽肉脆又香。煮和烤是古老的烹调方式，煎要晚一些，用的油也是动物油，称为脂、膏。《礼记·内则》记述了"八珍"中"炮豚"的做法，其中有一道操作工序是"煎诸膏，膏必灭之"，即放进膏油中炸，膏油要完全浸没所炸之豚。植物油的食用在魏晋南北朝时期可能就比较普遍了。据北魏贾思勰《齐民要术》记载，当时已把芝麻油、荏子油和麻子油用于饮食烹调上。但屈原的时代还没用到。当时也没有醋，用的是梅。《诗经》里有《摽有梅》，说的是女子看到梅子落地，说追我的男孩子，快来吧。梅子在古代起到调酸味的作用。鳖肉、羊肉、天鹅肉、野鸭肉、大雁肉、水鸟肉，烹调得当，还有甘蔗汁，想想就非常可口。

"露鸡臛蠵，厉而不爽些。粔籹蜜饵，有餦餭些。""露"借为"卤"，也有说借为"烙"。"臛"（huò）是肉羹，可能这里指的是红烧。"蠵"（xī）是大龟。"厉"是浓烈。"爽"是错误。"粔籹"（jù nǚ）是用蜜和面粉制成的环状饼。"饵"是糕。"餦餭"

（zhāng huáng）即麦芽糖，也叫饴糖。红烧龟肉再加上卤汁鸡，味道真是鲜美。各色各样的点心又甜又脆，有蜜制的糕饼和干饴糖。这种糕点吃起来口感好，便于携带，易存储，热量高，可说是我国糕点的鼻祖。我国新疆吐鲁番市曾出土一千五百年前的点心和饺子，非常丰盛。

"瑶浆蜜勺，实羽觞些。挫糟冻饮，酎清凉些。""勺"通"酌"。羽觞，一种酒器，又叫耳杯。"酎"（zhòu）是醇酒。颜色如玉的美酒加蜂蜜，过滤酒糟后冰冻，冷饮时味道又醇又清凉。酒里加蜂蜜，是今天说的饮料酒。古人冰冻用的是冬天采集的冰，放在冰窖凌窨（yìn）之中，夏天楚地非常热，拿出来喝，非常可口。

"华酌既陈，有琼浆些。归来反故室，敬而无妨些。"豪华的筵席已经摆好了，劝客痛饮那如玉的酒浆。回来吧！快返回你的故居，人们对你礼敬有加，保证对你无妨。"肴羞未通，女乐罗些。陈钟按鼓，造新歌些。""通"通"彻"，撤去，避讳汉武帝的名字刘彻。"罗"是陈列。丰盛的酒菜还没有吃遍，女乐队就开始列队表演。陈设好乐钟，安放好乐鼓，将要表演新创作的歌舞。古代贵族钟鸣鼎食，非常有排场。故宫博物院收藏的战国水陆攻战纹铜壶，通体用金银嵌错出丰富多彩的图像，就把宴乐、舞蹈和弋射、习射放在了一起。

《大招》的酒肉

而在另一篇《大招》里，作者还提到了猪肉酱、狗肉干、烤乌鸦、蒸野鸡、煎鲫鱼，足见他对肉食情有独钟。《大招》的作者有人说是屈原，有人说是景差①。景差也是楚国贵族，只知他稍后于屈原。本篇也是"招魂"，所招的对象是谁，有两种说法：王逸《大招》题解认为是屈原招自己的生魂，"屈原放流九年，忧思烦乱，精神越散，与形离别，恐命将终，所行不遂，故愤然大招其魂"。而王夫之《楚辞通释》认为是景差招屈原的魂。他认为屈原是三闾大夫，管着昭、屈、景三族，景差"受教而知深，哀其誓死，而欲招之"。两者都有一定猜测性。屈原本身已魂不守舍，自己给自己招魂，颇不可思议。

"魂乎归来！乐不可言只。五谷六仞，设菰粱只。鼎臑盈望，和致芳只。内鸧鸽鹄，味豺羹只。"仞，七尺或者八尺。六仞，是说五谷堆积有六仞高。新石器时代以来，遗址中就大量出现谷物粮仓，堆积很高，很能说明粮食有富余。"设"是陈列。菰

① 《史记·屈原贾生列传》说："屈原既死之后，楚有宋玉、唐勒、景差之徒者，皆好辞而以赋见称；然皆祖屈原之从容辞令，终莫敢直谏。"唐司马贞索隐说："按杨子《法言》及《汉书·古今人表》皆作'景瑳（cuō）'，今作'差'是字省耳。"景氏出自楚平王。楚平王的全谥为楚景平王，其后以谥为氏，即景氏。景差（cuō）也是战国楚之辞赋家，后于屈原，在战国晚期，与宋玉同时。《楚辞》所收《大招》，或云景差作，乃是他模拟屈原的《招魂》而成。

（gū）粱，是雕胡米，做饭香美。"臑"通"胹"，意思是煮烂。"盈望"是说满目都是。"内"通"肭"（nà），肥。鸽是鸧鹒，即黄鹂。"味"是品味。这里有很多精细的粮食，用菰米做饭。食鼎满案陈列，食物散发着香味，还有肥嫩的鸧鹒、鹁鸪、天鹅肉，还调和着豺狗的肉汤。

"魂乎归来！恣所尝只。鲜蠵甘鸡，和楚酪只。醢豚苦狗，脍苴蒪只。吴酸蒿蒌，不沾薄只。""蠵"是大龟。"酪"是乳浆。"醢"（hǎi）是肉酱。"苦狗"是加少许苦胆汁的狗肉。"脍"是切细的肉，这里是切细的意思。"苴蒪"（jū pò）是调味的香菜。"蒿蒌"是香蒿，可食用。"沾"是浓，"薄"是淡。魂魄啊！回来吧！任你品尝。鲜美的大鱼炖肥鸡，再放点楚国的乳浆、猪肉酱和苦味的狗肉，再切点苴蒪。吴国做的酸菜，薄厚浓淡正合适。

"魂兮归来！恣所择只。炙鸹烝凫，煔鹑陈只。煎鰿臛雀，遽爽存只。""鸹"（guā）是乌鸦。"凫"是野鸭。"煔"（qián）是把食物放入沸汤中烫熟。"鰿"（jí）是鲫鱼。"臛"是肉羹。"遽"（qú）通"渠"，如此。"爽存"即爽口之气存于此。魂魄啊！回来吧！任你选择。烤乌鸦，蒸野鸡，鹌鹑肉汤陈列上。煎鲫鱼，炒雀肉，味道鲜美爽口。

"魂乎归来！丽以先只。四酎并孰，不涩嗌只。清馨冻饮，不歠役只。吴醴白蘖，和楚沥只。魂乎归来！不遽惕只。""酎"

是醇酒。《说文解字》："三重醇酒也。"《玉篇》："醇也，酿也。"《左传·襄公二十二年》中子产讲："公孙夏从寡君以朝于君，见于尝酎，与执燔焉。"杜预注说："酒之新熟，重者为酎。尝新饮酒为尝酎。"杨伯峻先生《春秋左传注》说的是古人在"尝"祭的时候用酎。《礼记·月令》："孟夏之月……天子饮酎。"《史记·平准书》记载："列侯坐酎金，失侯者百余人。"[①] 根据考古发现来看，在海昏侯刘贺的墓里，居然发现了大量的酎金。四酎，四重酿之醇酒。"孰"同"熟"，是酒纯熟。"涩嗌"（yì）是涩口，刺激咽喉，口感不好。"不歠（chuò）役"是说不可以给仆役低贱之人喝。贵贱有序，是古人的规矩。但说明酒太好，仆人也想喝。"醴"是甜酒。"白蘖"（niè）是米曲。"沥"是清酒，"楚沥"是楚地特产。魂魄啊！回来吧！味美请先尝。一起成熟的四重酿醇酒，纯正不会刺激咽喉。酒味清香最宜冷饮，别让奴仆偷喝。吴国的白谷酒，掺入楚国的清酒。魂魄啊！回来吧！酒不醉人，不要害怕。事死如事生，以上说明了屈原和他的门人都喜欢酒肉啊！

---

① 在汉武帝时期发生过"酎金夺爵"的事件，酎金是指在祭拜汉高祖刘邦的时候，汉朝的诸侯王以及不如诸侯王的列侯，必须向皇帝进贡专门用于祭祀的黄金，这些黄金得标记其来源，从而表明这种黄金的独特之处。汉武帝非常挑剔，以诸侯王与列侯进贡的酎金成色不好，或者分量不足为由，要对他们进行处罚，要么降爵，要么夺爵，从而实现皇帝的集权，可见"酎金"在汉朝政治生活中扮演了多么重要的角色。

稻饭羹鱼

每年的农历五月初五为端午节，人们会在端午节纪念这位伟大的诗人。楚国人民十分想念屈原，民间流传的吃粽子、赛龙舟等习俗，都和屈原有关。赛龙舟相传是为了打捞屈原的尸体，或以鼓声吓走吃屈原遗体的鱼。一说是为了纪念越王勾践操练水师，另说则是纪念伍子胥。据闻一多先生的《端午考》，在屈原投江之前，吴越一带已有端午习俗存在。这是可能的。《续齐谐记》说：屈原五月五日自投汨罗而死，楚人哀之，每至此日，"以竹筒子贮米，投水以祭之"。汉建武中，一个叫区曲的长沙人，白日忽见一人，自称是三闾大夫屈原，说："闻君当见祭，甚善。常年为蛟龙所窃，今若有惠，当以楝叶塞其上，以彩丝缠之。此二物，蛟龙所惮。"区曲依其言而行，用蛟龙怕的楝树叶和五彩丝包了竹筒里的米。"今五月五日作粽，并带楝叶、五花丝，遗风也。"（《艺文类聚》引周处《风土记》）说的是端午用菰叶裹黏米，叫作角黍。《荆楚岁时记》也提到角黍。这些都说明，米制品在楚国饮食中非常重要，在老百姓生活中不可或缺。江南是鱼米之乡，名不虚传。

"饭稻羹鱼"是楚人的美食，可以说代表了当时最高的饮食水平。荆楚地区气候温和，适宜稻谷生长，至今仍以"鱼米之乡"著称。因楚地河流较多，且楚人会稻田养鱼，所以渔获很多，到了"食之不尽，卖之不售"（《新序·杂事二》）的地步，鱼简直是随便吃，百姓还因为鱼多得吃不完学会了将鱼制成鱼干储藏。《史记·货殖列传》中司马迁说："楚越之地，地广人希，饭稻羹鱼，或火耕而水耨（nòu），果隋蠃（luǒ）蛤（gé），不待贾而足，地埶（yì）饶食，无饥馑之患，以故呰（zǐ）窳（yǔ）偷生，无积聚而多贫。是故江淮以南，无冻饿之人，亦无千金之家。"他说楚越地区，地广人稀，以稻米为饭，以鱼类为菜。生产方式是怎样的呢？他说的是火耕水耨。火耕是放火烧去杂草，垦田种植谷物。水耨是将水灌入农田，消灭杂草，做法非常原始。瓜果螺蛤，无须从外地购买，便能自给自足。地形有利，食物丰足，没有饥馑，因此人们安于现状，但也没有积蓄，多为贫穷人家。所以，江淮以南既无挨饿受冻之人，也无千金富户。这个景象直到魏晋以后才有了改变。这是一般人家，屈原说的饮食应当是极其奢侈了。

第四章

螃蟹·汉武帝·汉风

每年的 7 月到 11 月，鲜香肥美的大闸蟹陆续上市，总能馋倒爱蟹人。宋人徐似道《游庐山得蟹》诗云："不到庐山辜负目，不食螃蟹辜负腹。"蟹的鲜美早已在古人心中留下了深刻的印象。

文吃和武吃

　　螃蟹的确好吃，有"四味"之说："大腿肉"，纤维很短，丝短纤细，有嚼劲，味同干贝；"小腿肉"，丝长细嫩，非常有质感，味同银鱼；"蟹身肉"最鲜美，晶莹剔透，形状像蒜瓣，一丝一丝，非常入味；"蟹黄"，肥美甘甜而不腻，入口即化，这是最精华的部分。唐朝的皮日休为蟹作诗："蟹因霜重金膏溢，橘为风多玉脑鲜。"（《寒夜文宴得泉字》）霜色浓重而螃蟹金膏满溢，多风吹打而橘子成熟新鲜，这是多么诱人的食材啊。

　　蟹腿肉弄不出来怎么办？蟹肉隐藏在蟹壳深处又如何是好？"武吃""文吃""蟹八件"这些与吃蟹文化有关的名词，我们更是经常听说。通常食客们直接动嘴动手，喊里咔嚓，还有人连肉带壳都嚼碎，这是武吃螃蟹的法子，小朋友吃螃蟹，如果没大人帮，基本就是这样。与之不同，斯文的人吃螃蟹，用食蟹工具"蟹八件"①吃，一点一点拆分螃蟹，把鲜美的螃蟹吃得干干净净，不放过一丝蟹肉，让人称奇的是被吃空的蟹壳摆好了，还是一只完整的蟹。不得不说，这种法子引起很多食客的兴趣，把吃螃蟹变成一种艺术，不仅是吃，更是玩，说它是一种文雅而潇洒的饮食享受并不过分。

　　被誉为我国古典长篇小说四大名著之一的《红楼梦》中常见有关宴饮的描写，其中第三十八回《林潇湘魁夺菊花诗　薛蘅芜讽和螃蟹咏》便集中记述了史湘云做东、薛宝钗家买单，

---

①　食蟹工具有三件、四件、六件、八件、十件、十二件不等，最多的一套吃蟹工具竟多达六十四件。明清时代文人雅士把这些品蟹工具称为"蟹八件"，在江浙一带流行。"八"可能是极言其多，也有人讲出具体哪八件，比如锤、镦、钳、铲、匙、叉、刮、针，等于现在的腰圆锤、小方桌、镊子、长柄斧、调羹、长柄叉、刮片、针等。工具以铜质和银质为主，小巧玲珑，使用方便，还能作为女孩子出嫁的嫁妆。据说螃蟹上桌，人们可以把蟹放在小方桌上，用圆头剪刀剪下两只大螯和八只蟹腿，用腰圆锤沿着蟹壳四周轻轻敲打，再以长柄斧劈开背壳和腹部，钎、镊、叉、锤等物件就派上了用场，剔、夹、拽不一而足，唯一的目的就是把蟹肉取出来。用小汤匙舀进蘸料，享受蟹肉与蘸料搭配的味道，堪称绝配。

请贾府上下、老幼女眷，在大观园中吃蟹、赏桂的事。精细的
酒具茶具、精美的点心，吃起螃蟹来的铺张，足见当时贵族物
质生活的丰富甚至奢靡。饭后作诗有"咏蟹"一题，贾宝玉、
林黛玉和薛宝钗先后作了三首《螃蟹诗》。其中薛宝钗作的《咏
蟹诗》非常有意思。诗中说："眼前道路无经纬，皮里春秋空黑
黄。"①二句不仅将蟹的形态描写得生动，更有几分讽刺之意②。可
见清朝时，螃蟹至少是大户人家应季宴饮时常见的菜品。在这
么有诗意的场景中，宝钗、黛玉等人大概不会是武吃，而是文吃。

————————

① 螃蟹走路横冲直撞，毫不分东南西北。背壳凸起、肚皮挺起，不过只是一层
黑皮、一团蟹黄。"经纬"指道路的纵横样式，南北为经，东西为纬，螃蟹走路
一味横行。"皮里春秋"是说肚皮里有一部《春秋》。相传孔子修《春秋》，用笔
曲折，微言大义，文中隐含褒贬。这里还用了一个典故："襄少有简贵之风，与
京兆杜乂俱有盛名，冠于中兴。谯国桓彝见而目之曰：'季野有皮里春秋。'言其
外无臧否，而内有所褒贬也。"（《晋书·褚裒传》）桓彝形容褚裒名不虚传，有皮
里春秋，虽然他口头上不表示什么，但心里却是非分明、极有主见。后因晋简文
帝母郑后名阿春，避讳改为"皮里阳秋"。这是说螃蟹嘴上不说好坏，心中暗藏
机关。黑黄指蟹粪、蟹黄之类的玩意，螃蟹表面上看不出来，肚子里尽是些乌七
八糟的东西。
② 有人说，这里把竞进之徒的追名求利、蝇营狗苟的心态讽刺至极。有人联想
到她的胞兄薛蟠，就是一个横行无忌、没有规矩，蔑视王法之"螃蟹"。但薛蟠
本身就是无赖，横行霸道有之，"皮里春秋"未必。还有人说，这两句诗形容人
不知道东西南北自视清高，其实空有一肚子弯弯绕，揭示世道之险和人心之恶，
暗中指的是林黛玉，指桑骂槐。并且这诗的最后两句说"于今落釜成何益，月浦
空余禾黍香"，最后被放到锅里去煮，成了盘中餐，当年的猖獗霸道又有何用呢？
在某个月夜的水边，只留下禾黍的气味，此后再也不会有这只螃蟹的身影了吧。
这个结局又是何其凄凉，和林黛玉的命运有相似之处。

第一个吃螃蟹的人

回到我们的生活中，老师在课堂提问时总喜欢用这句常见话："哪位同学愿意做'第一个吃螃蟹的人'啊？"从而鼓励同学们踊跃回答问题。这句俗话的本意是形容"第一个勇于做某件事的人"。这句话还和鲁迅先生有关。鲁迅先生在 1932 年 11 月 22 日向北平辅仁大学的同学们做题为《今春的两种感想》的演讲时说："第一次吃螃蟹的人是很可佩服的，不是勇士谁敢去吃它呢？螃蟹有人吃，蜘蛛一定也有人吃过，不过不好吃，所以后人不吃了。像这种人我们当极端感谢的。"鲁迅先生这里说的是创业者筚路蓝缕的艰难，也给后人一个巨大悬念——谁是第一个吃螃蟹的人呢？

很多人说，这个人叫巴解，是大禹治水的助手。那时候不仅洪水滔天，而且螃蟹挡路。巴解就把螃蟹烹了，去掉了它的壳，发现螃蟹肉还很美味，吃了也没事，它就成了人们餐桌上的佳肴，巴解也成为历史上第一个吃螃蟹的人。但古书里并没有这个叫巴解的人物，大概是现代人的杜撰。蟹字从"解"，"巴"又是虫的形象①，人们很容易编出"第一个吃螃蟹的人"的故事。

---

① 《说文解字》说："巴，虫也。或曰食象蛇。"《山海经·海内南经》说："巴蛇食象，三岁而出其骨。"

但是从情理上说，这个故事并非荒诞，大量的人类发明创造不都是在偶然间，由某些有心且有胆量的人发现的吗？

其实文献中还有种怪兽叫"山魈"（xiāo），和这个问题有关。近代著名书画家溥儒（溥心畬）就有作品《山魈》，题跋还有一首七言绝句：

> 深谷无人踽躅行，偷来蟹螯喜还惊。
> 早知变木遭烹炙，不若空山赋月明。

这个主人公叫山魈，是神话传说中山里的独脚怪兽，也作"山臊""山缫""山獷"。《国语·鲁语》"木石之怪曰夔、魍魉"，韦昭注里有："夔一足，越人谓之山缫。"在《太平御览》引托名为东方朔所撰的《神异经》里，也曾有说法：

> 西方深山有人焉，身长尺余，袒身捕虾蟹。性不畏人，止宿喜依其火，以炙虾蟹，伺人不在，而盗人盐以食虾蟹。名曰山獷，其音自叫。人常以竹著火中，烞煿有声，而山獷皆惊。犯之令人寒热。

这妖怪能捕捉螃蟹，它的叫声如同它的名字，还偷人们的盐，用来吃虾米和螃蟹，害怕爆竹。好玩的是它懂得做螃蟹用盐，这可能就是今天人们吃的盐焗蟹吧。[1] 这样看山魈也算是妖魔中最懂蟹烹饪的了。《抱朴子·登涉》："山中山精之形，如小儿而独足，走向后，喜来犯人。……其名曰蚑。"《荆楚岁时记》"魈"作"臊"。山东方志中有载，过年的时候人们燃爆竹，驱赶山魈[2]，如《商河县志》："正月元旦……五更燃爆竹，以驱山魈。"也有人说这怪兽实有其物，产地在非洲，身长三尺多，性猛力强，是狒狒的一种。[3] 溥心畬的诗非常有意思，把山魈进行了拟人化，是说山魈在没人的深谷中走来走去，干吗呢？它偷来了人们捕捉螃蟹的蟹簖，又喜又怕。后来被人们发现了，人们怒了，把它连同螃蟹都烤着吃了。哎哟，早知道被人烹了炙了，还不如不偷螃蟹呢，捅这篓子干

蟹簖，出自明代《三才图会》

---

① 在干的锅里面先铺上一层海盐，放上螃蟹，再在上面铺好盐，小火烧一段时间即可。

② 和"年"的传说相似，混而为一了。

③ 也有人说山魈可能是一种食蟹猴，在海边以及山间河床地带出没，寻找蟹类和贝类为食，食蟹是它的本性。

什么啊。籪（duàn）是一种渔具，插在河流中阻断鱼蟹行进的栅栏，常用竹枝或芦秆编成。

螃蟹百科全书

千百年来的吃螃蟹经验积累起来了。尤其在南宋时期，大量的蟹类进入社会上层人的饭桌，蟹膏蟹黄之甘美，不仅是文人吟咏的对象，亦受大众喜爱。当时经济重心已经南移，南方鱼米之乡的优势日益突显。加上草市云集、市井化以及大量农副产品商品化的发展，临安等一系列大城市非常宜居，到了秋后，螃蟹就是人们不可或缺的食材。人们不仅注重蟹的外观形态、产地区域，甚至还注重其营养和药用价值。它进入人们餐桌的同时，也进入了中国画、传统小说中，大量笔记文献、历史典故、人物故事都围绕着蟹而发生并流传下来，中国人的文化态度也在小小一只螃蟹上玩出了彩。宋朝有个学者宁波人高似孙 ①，他写了本书叫《蟹略》，是一部有关蟹的百科全书。《蟹

---

① 高似孙（1158—1231），字续古，号疏寮，鄞（yín）县（今浙江宁波）人（清康熙《鄞县志》卷一〇），一说余姚（今属浙江）人（清光绪《余姚县志》卷二四）。孝宗淳熙十一年（1184年）进士，调会稽县主簿，历任校书郎，出知徽州，迁守处州。宁宗庆元六年（1200年）通判徽州，嘉定十七年（1224年）为著作佐郎。理宗宝庆元年（1225年）知处州。有《疏寮小集》《骑录》《子略》《蟹略》《骚略》《纬略》等书。事见《南宋馆阁续录》卷八、《宋史翼》卷二九。

略》收录于《四库全书》，其中搜罗了有关蟹的构造、产地、烹饪的掌故，以及由蟹衍生出的文学艺术。《四库全书总目提要》描述了这本书的结构特色："臣等谨案：《蟹略》四卷，宋高似孙撰。似孙有《剡录》，已著录。是编以傅肱《蟹谱》征事大略，因别加裒集。卷一曰蟹原、蟹象，卷二曰蟹乡、蟹具、蟹品、蟹占，卷三曰蟹贡、蟹馔、蟹牒，卷四曰蟹雅、蟹志赋咏。每门之下，分条记载，多取蟹字为目而系以前人诗句。""其于编次，亦小有疏漏，特其采摭繁富，究为博雅；遗篇佚句，所载尤多，视傅《谱》终为胜之云。"高似孙常用典，书中不少字是生僻字，但也非常有趣。他摘录了经史子集中的精华，乃至俚鄙之言、渔翁之语，只要是和螃蟹相关的，都放在了书里，比如：

　　《茶录》曰："煎茶之泉，视之如蟹眼。"皮日休煎茶诗："时看蟹目溅，乍见鱼鳞起。"东坡诗："蟹眼已过鱼眼生，飕飕欲作松风鸣。"又诗："蟹眼翻波汤已作，龙头拒火柄犹寒。"黄太史诗："遥怜蟹眼汤，已作鹅管玉。"苏栾城诗："蟹眼煎来声未老，兔毛倾看色尤宜。"蔡君谟诗："兔毫紫瓯新，蟹眼青泉煮。"曾裘父诗："朝来蟹眼方新试，昨夜灯花早得知。"

　　唐宋时饮茶非冲泡，而是煎煮，茶汤中冒出蟹眼似的泡泡，便是火候正好之时，于是就有了蟹眼茶汤之说。这和螃蟹没有直接关系，只是个比喻，但高似孙却搜罗起来。《茶录》说：煎茶的泉水泡泡，看着像蟹眼。皮日休的煎茶诗《茶中杂咏·煮茶》有一句话：时时见到蟹目逆溅，刚刚看到鱼鳞泛起。苏东坡的诗《试院煎茶》有一句说：蟹眼已经过去，鱼眼产生，飕飕地像要模仿松风的呜呜。还有诗《次韵周穜惠石铫》：波浪中翻着蟹眼，汤已经滚起，刻有龙头的石铫柄，因为传热慢还是冷的。黄庭坚（人称黄太史）的诗《乞钟乳于曾公衮》有一句说：远远怜惜那蟹眼似的汤，已经像鹅毛管一样光洁如玉。苏辙（著《栾城集》）的诗《次韵李公择以惠泉答章子厚新茶二首》有一句说：蟹眼茶汤煎煮时声音还未老，倒在兔毛茶盏中侧着看，茶色尤为相宜。蔡襄（字君谟）的诗《北苑十咏·试茶》有一句说：饰有兔毫的紫杯崭新，清泉煮茶泛起蟹眼似的泡沫。曾季狸（字裘父）有诗句说：早晨刚新煮了蟹眼茶汤，昨天夜里灯花早已有所预兆。这么写使得这本《蟹略》包罗万象、格外丰富，所以这是一部小型的类书、螃蟹专史、螃蟹风俗志。《蟹略》中提到的醉蟹、蟹羹、蟹包等，在今天的南方依旧受人青睐，让今人吃起螃蟹来更有滋味。从螃蟹中能看出，八百多年前，偏安一隅但稳定富庶的那个时代，人们尤其是士大夫的生活节奏缓慢，非常唯美、精致甚至是繁缛，人们追求醇美优雅，甚至令现代人心驰神往。螃蟹为人称道，足以说明江南士人对螃蟹的重视程度。

《洞冥记》的离奇故事

关于这个问题还真有不少传说。一个叫郭宪的，西汉末东汉初人。郭宪在朝为官，官至光禄勋，著有《汉武帝别国洞冥记》一书，也称《汉武洞冥记》，简称《洞冥记》，书里说到汉武帝吃螃蟹的奇事。这是古代神话志怪小说集，共四卷六十则故事。这个郭宪，据《后汉书·方术列传》记载，是个半人半仙的人。王莽篡位后，要拜郭宪做郎中，赐以衣服。郭宪烧了衣服，一溜烟逃到东海之滨。王莽恨透了他，但又找不着他。光武帝刘秀即位后，寻求天下贤能之人，于是召郭宪为博士，后来又做光禄勋。他随从圣驾到南郊祭天。郭宪忽然回顾东北，含酒喷了三口。执法官员上奏，郭宪有病啊，这是不敬之举。皇上诏问其故。郭宪答道，齐国失火，所以用此压之。后来齐国果然上报有火灾，与皇帝郊祭之日相同。后来光武帝西征军阀隗嚣，郭宪说不吉利，立即拔出刀砍断车带子。光武帝不听从，也没制裁他，果然出师不利，颍川兵起，刘秀才回师。皇帝后悔不听郭宪的话。这些事是真是假，今天也说不清。《洞冥记》这书最早被《隋书·经籍志》著录，一般认为它文字诡奇，文风不类汉人，多光怪陆离之事，清代学者姚际恒怀疑是六朝人伪托郭宪所作，应当可从。然而，即便是六朝伪托，也有一定根据。所谓苍蝇不叮没缝的蛋，就是如此。

　　《洞冥记》说，汉武帝是特异之主，东方朔以滑稽浮诞的内容匡谏皇帝，"洞心于道教，使冥迹之奥，昭然显著，故曰洞冥"。"洞冥"当为洞达神仙幽冥之意。该书以汉武帝求仙和异域贡物为主要内容，神仙家猎奇的意味很重。所叙"别国"，主要指西域及今中亚、西亚一带的国家。书以东方朔的见闻、游历为线索，向汉武帝呈现了一个琳琅满目、通达四方的世界。书的第三卷有这样的记述：西域的善苑国曾贡奉一只蟹，身长九尺，有上百只脚、两对螯，因而名为"百足蟹"。将它的壳制成胶，比黄胶、凤喙胶还好，这种胶也被称为螯胶。无论"百足四螯"的想象有多么的怪诞，此一记载或可说明汉武帝是那个"第一个吃螃蟹的人"。当然这个说法经不住推敲。翻阅文献，《周礼·天官·庖人》说：庖人掌管六畜、六兽、六禽，辨别它们的名号和毛色，凡是那些死的、活的、鲜的、干的畜禽及兽肉，用以供奉给王的牲肉和美味，以及供奉给王后与太子的牲肉和美味，都归庖人掌管。东汉郑玄对此作注释说：进献给王的美味说的是四季吃的膳食，比如荆州的鱼，青州的蟹胥。"青州之蟹胥，虽非常物，进之孝也。"蟹胥也就是蟹酱。若真如郑玄注释所说，那么"第一个吃螃蟹的人"又得往前找，但都找不出到底是谁。而在近些年的考古发现中，沿海的一些考古文化遗址堆积中也曾发现蟹壳，或食用或作他用。考古资料表明，中国已有五千年乃至更久远的吃蟹历史，在长江三角洲，考古工作者在对淞泽文化、良渚文化层进行发掘时发现，在先民的食用废弃物中，就有大量的河蟹蟹壳。靠山吃山，靠水吃水，是人类普遍的生存方式。

历史的洪流滚滚向前，"第一个吃螃蟹的人"实难考证，我们仅能在历史记载中见到雪泥鸿爪而已。但在关于蟹的种种故事、记载和传说中，汉武帝的故事可以说是最为独特的。汉武帝刘彻（前156—前87）虽然并非真为"第一个吃螃蟹的人"，但他吃的这只螃蟹可不得了，此"百足蟹"为西域某国名曰"善苑国"进贡的。螃蟹之争可以搁下不论，但汉武帝时期的功绩却不可磨灭，从这只不同凡响的螃蟹便已可见一斑。

家喻户晓的通西域

西域作为一个地理概念，大概是指玉门关以西的广大地区。往近了说，西域是包括新疆西部、巴尔喀什湖以东以南的一些地方，当时以天山为界，分为南北两部，分布了诸多小国，大部分在天山南部。往远了说，西域则囊括了通过狭义西域所能到达的地区，包括亚洲中西部地区等，范围很广，除中国新疆地区以外，还包括中亚细亚、印度、伊朗、阿富汗、巴基斯坦的一部分。因此，汉武帝要吃上西域进贡来的螃蟹，在那个交通尚不发达的年代，那可是真不容易。螃蟹得跟着那些使臣一块儿，跋山涉水数月甚至数年才到得了汉武帝的餐桌上，如果没有像样的养殖技术，送到长安也成标本了吧。而这样的一条交通道路得以贯通，得从张骞通西域说起，也就是张骞"凿空"的故事。

据史学家班固所写的《汉书·张骞李广利传》记载，张骞是当时的汉中郡人，也就是今天陕西省汉中市人。当时汉朝北边的匈奴侵扰汉朝的边疆，汉匈之间纷争频仍。一次，据匈奴投降过来的人说，匈奴攻破了月氏，并且将月氏王的头颅砍下来做酒器。月氏因此远逃并且与匈奴结下了仇，但苦于力量弱小，又没有人能和他们一起打击匈奴。汉王朝正想着通过什么途径能够消灭匈奴，听说此事，就想着派人出使月氏，联合月氏打击匈奴。可想要联合月氏，匈奴国又是必经之路，于是汉武帝就下令招募能够出使的人。张骞便以郎官的身份应诏出使月氏。由于路途遥远，加上必须经过匈奴，张骞和他的队伍这一路并不顺利。途经匈奴时，张骞一行被匈奴人截获扣留起来，这一扣就是十多年，他甚至在那里娶了妻，生了子。不过张骞始终不忘自己汉朝使者的身份，一直保存着自己作为汉朝使者的凭证。终于有一天，张骞抓住机会，带领他的部属一起从匈奴向月氏逃亡。往西跑了几十天，到了大宛①。大宛人听说汉朝

① 大宛，古代中亚国名，泛指中亚费尔干纳盆地一带。

财物丰富，想和汉朝交往可找不到机会。见到张骞非常高兴，问他要到哪里去。他便向大宛人讲述了他此行的目的，并向大宛人许诺如果能把他们送到月氏完成任务，回到汉朝一定向汉天子禀报馈赠大宛财宝。听到这里，大宛人欣然同意，不仅送他们去月氏，还为他们随行派遣了翻译和向导。抵达康居，康居用传车将他们送到了大月氏。但就在张骞一行终于到达月氏时，原来的大月氏王已被匈奴所杀，另立了他的夫人为王。大月氏又征服了大夏，那里土地肥沃，出产丰富，没有侵扰，悠闲安乐，又自认为距离汉朝太远不想亲近汉朝，也全然没有了向匈奴报仇的意思。结果张骞从月氏到大夏，费了如此大的功夫却始终得不到月氏王的明确表示。在那里逗留一年多后，无奈只得返程。返程途中却又被匈奴截获，被扣留一年多后，碰巧单于死了，匈奴国内混乱，一行人才又得以脱身回到汉朝。回到汉朝后，朝廷授予了他太中大夫的官职。张骞这次出使来回历经十三年，更令人惊叹的是出使前一行一百多人，却只有两人得以返回。几年后汉朝同样出于联合乌孙打击匈奴的目的，派遣张骞出使乌孙，但乌孙以相似的理由拒绝了汉使。

虽然张骞出使的战略目的并没有完成，但一路的所见所闻使张骞开阔了眼界，对汉王朝周边的形势有了新的认识。张骞向汉武帝详细讲述了他这一路上的所见所闻。汉武帝通过张骞了解到大宛、大夏、安息等较大国家的情况，知道了西域有很多珍奇宝物，习俗虽有不同，但也有同汉朝相似的地方，而且兵力相对汉朝而言相当弱小，又看重汉朝的财物；这些国家的北面是大月氏、康居等国家，兵力强大。因而，可以通过赠送财物的办法用利益吸引，让他们朝拜汉朝。这样能够不用武力使他们归附汉朝，扩展很多领土，一直到达远方，招徕不同习俗的人，从而在四海之内扩展汉朝的威望和恩德。实际上，张骞第二次出使西域返回时已经带了几十名乌孙人来到长安，这是西域第一次派使者到中原来，受到了隆重接待。同时，张骞在乌孙又派遣了副使联系大宛、康居、月氏、大夏等国。不久，张骞的副使们也带了其他国家的使者回到长安。从此，西域不断派使者到长安，西汉也遣使到西域各国去，每批数十至数百人，建立了和西域各国的联系。

为了稳定这一联系，汉武帝在位期间又数次对西域用兵，战果突出的有两次：一是汉武帝元封三年，即公元前108年攻打楼兰和车师；一是汉武帝太初元年和太初三年，即公元前104年和公元前102年攻打大宛，取得胜利。这进一步巩固了西汉对西域的控制，汉武帝又在这一基础上设立使者校尉。这一系列措施为之后班超经营西域、甘英出使大秦打下了基础，也孕育着古代中国"华夷"秩序下的区域关系格局的雏形。

《史记·大宛列传》中，司马迁记述了西域诸国的物产风情，着重写了张骞两次出使西域的经过，作为史书第一次展示了汉王朝同西域各国的关系。字里行间，司马迁含蓄地表达了对汉武帝连年用兵和好大喜功的微词。但是，他也不否认汉武帝坚持派张骞打通西域之路，努力控制河西走廊，对于汉朝和中亚诸国间的经济文化交流，对维护中国的统一和强大，都作出了重大贡献。列传所记亦以大宛为中心，旁及周围一些国家、部落，远至今西亚南部、南亚一些地方，也涉及中国新疆和川、滇部分地区。这些信息，是张骞带来的，而司马迁在受宫刑之后，担任过汉武帝的机要秘书中书令，自然听到过这些。他提到一个重要的信息："而汉发使十余辈至宛西诸外国，求奇物，因风览以伐宛之威德。"在伐大宛后，汉朝对西域实施了安抚政策。大宛杀昧蔡改立毋寡之弟蝉封为王，蝉封遣王子入汉为人质。汉赐厚礼给大宛使者，又陆续派使者到大宛西边诸国，搜求奇珍异宝，顺势向他们宣扬征伐大宛的威德，并设置酒泉都尉进行屯田，以保证和西域的交往。

那只善苑国供奉的螃蟹，正是连通中原和西域这条路的缩影，也是这一路物质交换、文化交流的象征。在物质上，胡萝卜、香菜、茄子、胡蒜（大蒜）、蚕豆、西瓜、胡瓜（黄瓜，后赵石勒忌讳胡字，改成黄瓜）、葡萄、石榴、胡桃（核桃）等我们今天常见的食物传到中原，大大丰富了人们的饭桌。"胡蒜""胡瓜""胡桃"等名称中的"胡"字正标识着它们的身世。《齐民要术》《本草纲目》等文献所载西域农作物及药用植物更多，都是在汉代张骞开通西域后陆续传进来的，它对丰富中国人民衣食和药物诸方面起着不可忽视的作用。值得一提的就是胡乐的引进。晋代崔豹《古今注》记载："横吹，胡乐也，博望侯张骞入西域，传其法于西京，唯得摩诃兜勒一曲，李延年因胡曲，更进新声二十八解。"这对中国音乐的创新起了积极的促进作用。

汉家气度

东汉史学家班固所著《汉书·韦贤传》中记载了刘歆对汉武帝的评价：孝武皇帝哀怜中原人民疲惫困顿，没有安宁的日子，于是派遣大将军卫青、骠骑将军霍去病、伏波将军路博德、楼船将军杨仆等人，向南攻灭百粤，建立了七个郡；向北攻打匈奴，俘获了昆邪十万人，建立了五个附属国，建起了朔方城，夺取匈奴肥饶的土地；向东攻打朝鲜，建起了玄菟、乐浪郡，切断匈奴的左臂；向西攻打大宛国，吞并了那里的三十六个小国，连接乌孙国，建立了敦煌、酒泉、张掖诸郡，来隔断氐羌，切断匈奴的右肩。单于孤立无援，远远地逃到了大漠以北。武帝终于使四边不再有战事，拓展了中原的领土，建起了十多个郡。建立功业后，武帝封丞相为富民侯，来安定天下，使百姓富裕，那些规范法式至今还可见到。武帝又召集天下贤人俊才，协助

自己共同谋划，建立制度，改定正朔历法，封禅泰山，改易官
号名称，保存周朝的杰出方法，制定分封诸侯的制度，使他们
永远不生背叛争位的心思，到现在几代人还依靠它。单于称臣，
做汉朝的守卫，各族服从汉朝命令，这是万世的基业，中兴之
类的功绩没有能与此相比的。班固又在《汉书·武帝纪》中对
武帝的文治武功总结道：后继者得以承继宏大事业，而具备夏
商周三代的风气。古代先贤有尚古之风，称尧舜禹为圣王，颂
夏商周三代为治世。"后嗣得遵洪业，而有三代之风。"也就是
说汉武帝开创了有三代之风的治世，这是多么高的评价。也正
因对内治理成功，对外联系远方，眼界宏阔，汉武帝才有了别
样的恢宏气度。《汉武帝别国洞冥记序》末言：因为汉武帝想要
探求神仙故事，因此要求偏僻遥远的诸国向汉朝贡奉奇珍异宝，
以及精通方术之人。《汉武帝别国洞冥记》中所列名物范围之广、
数量之多令人叹为观止。"百足蟹"属于"动植"类，另外更有
动物 65 种、植物 59 种；"地理"类包括山、水、遐方、远国 71 个；
"宫观"类涉及楼台室阁 34 处；"器用"类有珠玉、灯饰、香料
等 139 种；"饮食"类有瓜果 19 种，酒食浆露 16 种，丹丸服食
4 种；还有"人物"类 42 人，及"其他"类 21 种。可谓四海之
内，无所不包。在一定程度上也能反映文化交流之盛况（神仙
方术尤甚）。

　　然而，也正是这样的气度，助长了汉武帝对求仙访神的迷

恋。《史记》的作者司马迁与汉武帝是同时代人，成书时书中"本纪"最后一篇名为《今上本纪》（即后《孝武本纪》）。武帝见之，怒而削之。今天我们所见到的《孝武本纪》已非司马迁原篇，而是抄录《封禅书》补缀而成。因此其中内容多与祭祀、鬼神有关。孝武皇帝，也就是汉武帝，刚登基，就特别注重对鬼神的祭祀，先后兴建神祠、泰一祠、后土祠，每三年祭祀一次；创建汉朝封禅大典，每五年举行一次。谬忌建议设立的泰一祠及三一、冥羊、马行、赤星等五座神祠，由宽舒领导的祠官每年按时致祭。共六座神祠，都由太祝主管。至于八神中的各位神仙，以及明年、凡山等其他著名神祠，天子出巡经过时则祭祀，离开之后就停止。方士们所兴建的神祠，由他们各自主持直至去世。其他神祠都照旧。汉武帝封禅，此后过十二年回祭，把五岳、四渎的神灵都祭遍了。又不时有术士通过方术在汉武帝处加官晋爵，汉武帝笼络这些方士，希望能真的遇到神仙。汉武帝求仙访道，大兴土木，甚至导致巫蛊之祸，于是有了司马光在《资治通鉴》中对汉武帝的如下评说：武帝穷奢极欲，刑罚繁重，横征暴敛，对内大修宫室，对外征伐四夷，迷信神怪，巡游无度，使得百姓生活贫困，不得不起而为盗，这和秦始皇没什么区别。但秦朝因此灭亡，汉朝却因此兴盛，原因就是武帝能遵循先王之道，知道如何治理国家，守住基业，能接受忠正廉直之人的规劝，厌恶小人的欺诈蒙蔽，尊贤不倦，赏刑严明，晚年又能改过从善，将后事托付给正人君子，这就是他犯有亡秦的过失，却可以免除亡秦灾祸的原因吧！

历史发展的进程是错综复杂、千头万绪的。身处历史进程中的人也同我们每一个人一样，有独特的想法、性格，同样是复杂多面的。

从西域远道进贡而来的这只螃蟹，既见证了宫廷的排场，也暗示着汉家气象的宏大。

第五章

豆腐·刘安·神仙家

豆腐是中华美食中的瑰宝，色白质密，口感细腻，营养丰富。梁实秋的《雅舍谈吃》中描述了家常菜鸡刨豆腐、北平菜锅塌豆腐和川菜蚝油豆腐，一块普通的豆腐既可以是宴客名品，又是劳苦人民辛劳一天后的慰藉。豆腐是谁发明的？这个问题长久以来都存在争议。汪曾祺的《豆腐》诗曰"淮南治丹砂，偶然成豆腐"，说的就是淮南王刘安天天沉迷炼丹，没想到丹没炼成，偶然做出了豆腐。

不死药的乌龙

　　丹砂是朱砂，是硫化汞的矿物，说的是服食。服食术起源于战国神仙家，为晚周仙道三流派之一。《山海经》里的很多内容属于神仙家。《史记·封禅书》载，神仙家倡言：海中有蓬莱、方丈、瀛洲三神山，上有仙人和"不死之药"，人如求得此药服之，可长生不死。于是齐威王、宣王、燕昭王派方士入海求之，不得。其后，秦始皇派人率童男女入海求之，未能至。再后，汉武帝除继续"遣方士入海求蓬莱安期生之属"外，又听方士李少君的怂恿，"亲祠灶""而事化丹沙诸药齐（剂）为黄金"，即令方士从事炉火烧炼，企图用人工炼制出不死药，促成了炼丹术的产生。从此，"不死药"既包括人迹罕到之处的奇药①，又有用金石炼成的丹药，道士称金丹。《史记·孝武本纪》载："（李）少君言于上曰：'祠灶则致物，致物而丹沙可化为黄金，黄金成，以为饮食器则益寿，益寿而海中蓬莱仙者可见，见之以封禅则不死，黄帝是也。'"李少君是江湖骗子，声称曾游海上，见到一个神人叫安期生，食巨枣，大如瓜。安期生是仙者，在蓬莱之中，如果和你合得来，就见人；合不来，就隐身。这一套把汉武帝说得五迷三道，"于是天子始亲祠灶，而遣方士入海求蓬莱安期生之属"，从事炼丹。后来李少君病死。"天子以为化去不死也"，新的江湖骗子又蹦出来了。汉武帝要长生不老，"求蓬莱安期生莫能得，而海上燕齐怪迂之方士多相效，更言神事矣"。可谓更有后来人。说刘安在炼丹过程中偶然发明了豆腐，情理中的事。

　　还有一个故事，就是"嫦娥奔月"的神话故事。据西汉著

————————

① 实即野生菌类、草木药。

作《淮南子》说，是因为她偷吃了她丈夫羿从西王母那里要来的不死药，就飞进月宫，变成了捣药的蟾蜍。唐徐坚《初学记》引《淮南子》说："羿请不死之药于西王母，羿妻姮娥窃之奔月，托身于月，是为蟾蜍，而为月精。"那么美的嫦娥，居然变成了让人讨厌的蟾蜍，今天我们觉得不可思议，但是古人认为是吃了不死药的结果，也是修行得道。请注意，这也是《淮南子》说的。不死药可是人们的救命法宝啊。

为了找到使人长生不死的药，古代帝王与贵族费尽心机。《韩非子·说林上》记载，有人给楚王献上了"不死之药"，传递人"谒者"拿着药走入宫中。有宫中的卫士"中射之士"看见后问道："可食乎？""谒者"回答说："可。""中射之士"于是二话不说抢过来吃了下去。楚王为此甚为恼怒，要派人杀死"中射之士"。"中射之士"托人向楚王解释说："臣问谒者，曰'可食'，臣故食之。是臣无罪而罪在谒者也。且客献不死之药，臣食之而王杀臣，是死药也，是客欺王也。夫杀无罪之臣而明人之欺王也，不如释臣。"楚王于是就放了他。《史记·封禅书》说，自战国齐威王、齐宣王、燕昭王打发人入海以来，就有不少人求往蓬莱、方丈、瀛洲三座神山。这三座神山都在渤海中，距离陆地上的人不远，"盖尝有至者，诸仙人及不死之药皆在焉"。

人们把仙人、海上仙山和不死药捆绑在一起。司马迁《史记·秦始皇本纪》中记载，著名的方士徐市（福）向秦始皇上书称"海中有三神山，名曰蓬莱、方丈、瀛洲"，秦始皇遂派遣他率领童男童女数千人，入海求仙人。《史记·淮南衡山列传》将之称为"徐福"，秦始皇"使徐福入海求神异物"；"遣振男女三千人，资之五谷种种百工而行。徐福得平原广泽，止王不来"。《史记·秦始皇本纪》还记载秦始皇三十二年，"始皇之碣石，使燕人卢生求羡门、高誓^①。……因使韩终、侯公、石生求仙人不死之药"。这时候秦始皇巡北边，从上郡回来，燕人卢生的人从大海回来了，向秦始皇诉说"鬼神事"，还趁机"奏录图书"^②，发现上面的文字是"亡秦者胡也"，于是大规模兴兵打击匈奴。这些内容是方士们对秦始皇的批评，但从中可看出神仙家和不死药是多么受人欢迎。

无独有偶，《山海经·大荒西经》说灵山这里"百药爰在"。《大荒南经》说巫山出产的不死药叫"帝药"："有巫山者，西有黄鸟。帝药，八斋。黄鸟于巫山，司此玄蛇。"郭璞注云："天帝神仙药在此也。"一般认为"神仙药"，当即神仙不死之药。这里是说，巫山的神仙不死之药分别在八个"斋"之中贮藏。巫山上有一种神鸟名叫"黄鸟"，还有一种蛇名叫"玄蛇"。"黄鸟

---

① 这两位是仙人，宋玉《高唐赋》："有方之士，羡门高溪"。
② 这里的"图书"指的是图画和文书。看来神仙家的道具不少。

于巫山，司此玄蛇"，郭璞注说："言主之也。"这是说"黄鸟"防范"玄蛇"偷吃天帝的不死神药。巫山不仅是自然山，也是神灵之山，是古代巫风昌炽之所。这里也和不死药联系起来了。

后来的道教承袭服食术，某些服食药方为医家所吸收提炼，丰富了古代的医药学。据说上古之时的彭祖，很善于养生，他远离尘嚣而体道自然，与万物为一，在世修炼八百年而最终得道成仙。据葛洪的《神仙传》说，彭祖任殷大夫时，已有七百多岁，却无衰老之相，"善于补养导引之术，并服水桂、云母粉、麋鹿角，常有少容"。所谓水桂据说是水中精，云母是自然界万年不腐的东西，麋角是鹿茸，再加上导引行气，让彭祖长生不老。他把此术传给他人，后周游天下，升仙而去。他曾受尧封于彭城，年享高寿，其道堪祖，故后世尊称为"彭祖"。今天江苏徐州，古为大彭氏国，被称为彭城，徐州市铜山区丘湾至今仍留有大彭国的社祭遗址。有人把这类神仙称为方仙道。方仙道的名称出自司马迁的《史记·封禅书》："为方仙道，形解销化，依于鬼神之事。"所谓形解销化，是说人死后尚可在尸体之上最终完成长生不灭进而成仙的理想，又叫尸解。汉朝人熟悉这种观念，是将其类比为某些动物经过变形而获得新生命形态或延续生命的过程，尤其是类似蝉这样的昆虫的蜕变，这一观念具体而朴素。它和后来的道教还有不同，本身并没有一个组织。他们宣称有办法使灵魂离开肉体与鬼神交通，认为人通过修炼可

以长生不死，可以制作不死之药。据说丹药和草木药都能长生，
战国方士就有不少经验。当然中毒致死的，也不在少数，所以
汉魏之际著名的"古诗十九首"就有一首《驱车上东门》：

　　　驱车上东门，遥望郭北墓。
　　　白杨何萧萧，松柏夹广路。
　　　下有陈死人，杳杳即长暮。
　　　潜寐黄泉下，千载永不寤。
　　　浩浩阴阳移，年命如朝露。
　　　人生忽如寄，寿无金石固。
　　　万岁更相迭，贤圣莫能度。
　　　服食求神仙，多为药所误。
　　　不如饮美酒，被服纨与素。

　　的确，"世人都晓神仙好"（《红楼梦·好了歌》），炼丹问药
而求不死的风气，在汉魏之际的乱世更是弥散在社会很多角落，
因为凶短夭折的现象比比皆是。对此，诗人却不以为然，生老病
死是客观规律，浑身是铁能打几颗钉？"服食求神仙，多为药
所误。不如饮美酒，被服纨与素"。服丹药，求神仙，也没法长
生不死，"神龟虽寿，犹有尽时；腾蛇乘雾，终为土灰"（《龟虽
寿》）。即便是秦始皇、汉武帝，在建立统一的王朝以后，他们追

求永恒权力、贪生怕死之欲都愈演愈烈，求仙求药成了秦皇汉武政治生活的一个不可或缺的环节。秦始皇不仅派徐市、卢生等人求仙、求不死之药，而且亲自多次游于海上，至死不渝。各种方士、江湖骗子趁机迎合最高统治者的需要，大肆作祟行骗。汉武帝就屡次上当，少翁、公孙卿、栾大等人，假借求仙、丹砂炼金、入海求药、装神弄鬼的手段，骗取汉武帝的信任，谋取巨额钱财与爵位。汉武帝欲封禅求仙，方士公孙卿言黄帝封禅后就乘龙上天，汉武帝感叹："嗟乎！吾诚得如黄帝，吾视去妻子如脱屣耳。"汉武帝的八次封禅，皆以求仙求药为主要目的，"上遂东巡海上，行礼祠八神""乃复东至海上望，冀遇蓬莱焉""东至海上，考入海及方士求神者，莫验，然益遣，冀遇之"，一次次失败仍不死心。折腾半天，不仅未能扭转短寿和死亡，还可能加速了死亡的到来。既然如此，还不如吃好穿好，图个眼前快活，快快乐乐走过短暂的一生。有人说，这是生命短促使得当时的知识分子无奈、颓废、悲凉和气愤，但其实也是对生命的眷恋。

不死药到底是什么？古人相信道法自然，就产生了一系列推论：自然界的矿石草木既然能长久，人食用之后应该也能长寿，这叫服食。"淮南治丹砂"就是服食。丹砂即朱砂，它是硫化物类矿物"辰砂"族的"辰砂"[①]，主要含有硫化汞（HgS），

---

① 因为以辰州（今湖南怀化）一带的品质最佳，而得名"辰砂"。

常常混杂着雄黄、磷灰石、沥青等杂质。人们采挖丹砂之后，就从中选取成色好的，再用磁铁吸去其中含铁的杂质，并用水不断淘洗其中的杂石与泥沙，就能够得到较为纯粹的丹砂。它是一种常见矿物，由于色泽鲜红而得名，被大量用于中国古代炼丹术中。在方术中，朱砂是极具神秘特性之物，不仅颜色惹人注目，而且万年不腐，这给人带来很大期盼。道士常用它来驱鬼、画符、炼丹，希求可以辟邪消灾、降妖捉怪、帮助人们"升仙"。《神农本草经》中记载丹砂"治身体五脏百病，养精神，安魂魄，益气明目，杀精魅邪恶鬼。久服通神明不老。能化为汞"。它可以入心经，安魂神，在中医临床上用于心神不宁、心悸、失眠等症，最适于治疗心火亢盛，也常与黄连、莲子心等合用，清心安神作用显著。然而医家尤其提醒，该品有毒，不宜久服、多服，以免汞中毒。它忌火煅，火煅则析出水银，有剧毒。针对滥用丹砂，将之作为长生不老药的原料，大医学家李时珍在《本草纲目》中进行了严厉的批评："（丹砂）入火则热而有毒，能杀人。"李时珍列举了不少前人滥用丹砂致死的事实，说明丹砂之祸不容忽视。如在"丹砂条"中，李时珍引叶石林《避暑录》云，"林彦振、谢任伯皆服伏火丹砂，俱病脑疽死"；又引张杲《医说》云，"张悫服食丹砂，病中消数年，发鬓疽而死"；又引周密《野语》云，"临川周推官平生孱弱，多服丹砂、乌、附药，晚年发背疽"。李时珍仔细研究了这些服丹砂致死的案例，指出"医悉归罪丹石，服解毒药不效"，这不是长生不老药啊！这些血淋淋的教训"皆可为服丹之戒"。或者说，神仙方术给医学家认识药物提供了大量活生生的经验与教训，值得研究总结。

淮南王不简单

刘安（前179—前122）是汉高祖刘邦的嫡孙。他的父亲淮南厉王刘长不是省油的灯，刘长的母亲是赵姬。刘邦最初封异姓王，拉拢人心，封张敖为赵王，但是对张敖一百个不放心，老折磨他。赵相贯高看不惯刘邦这么跋扈，背着主子张敖，意图谋弑刘邦。但是消息走漏，刘邦发觉，把贯高整得奄奄一息，贯高就是不说是他主子张敖指使。刘邦就把张敖连同他身边的人也一并抓捕了。而张敖曾经把自己的美人赵姬献给刘邦，赵姬由于贯高的事也受到牵连。赵姬在囚禁中对狱吏说："我曾受到陛下宠幸，已有身孕。"狱吏一听，这女人已经怀上龙种，不敢怠慢，如实禀报。刘邦正因张敖的事气恼，没搭理赵姬。赵姬的弟弟赵兼拜托辟阳侯审食其告知吕后，吕后妒忌，不肯向刘邦进言求情，审食其便不再尽力相劝。赵姬生不如死，生下刘长后，心里一肚子怨恨，自杀了。狱吏抱着刘长送到刘邦面前，刘邦后悔莫及，下令吕后收养他，觉得对不起这个儿子，就由着他胡来。后来汉文帝也对刘长宽容，于公元前196年封他为淮南王。据说汉文帝时，他骄纵跋扈，力能扛鼎，常与帝同车出猎；在封地不用汉法，自作法令。汉初诸侯王权力之大，可见一斑。

这还不算，公元前 174 年，刘长与匈奴、闽越首领联络，图谋叛乱，事泄被拘。朝臣认为，他应自绝于列祖列宗，死罪。但文帝赦他不死，废王号，把他流放到蜀郡严道邛邮（严道县，今四川雅安），他途中不食而死，谥号厉王。十年之后（公元前 164 年），文帝怜悯厉王死于非命，杀人不过头点地，目的是朝廷收回安康，将淮南国一分为三，分别给了刘长之子刘安、刘勃和刘赐。这时的刘安年仅 15 岁，继承了父亲淮南王之位，管辖着大致范围已经缩小至九江郡的淮南国，定都寿春，埋在心里的那颗替父报仇、密谋反叛的种子也在悄然生长。

据《史记》记载，刘安不喜嬉游打猎，喜好读书弹琴，为饱学之士。汉初社会经济衰落，朝廷提出无为而治，崇尚黄老之术，多一事不如少一事。刘安在位时，是一个黄老学说的热烈倡导者。他和门客编纂的杂家大作《淮南子》，堪称百科全书，首篇就要"原道"。他要当一个顺其自然、无思无虑的大丈夫。说得多好呀，但实际他才没那么老实呢。他安抚当地百姓，得了人心；求贤若渴、礼贤下士，供养宾客方术之士数千人。这些宾客中，有人与他一起著书立说、坐而论道，也有人与他筹谋、教唆反叛。狐狸终将露出尾巴。

　　十几年前的电视剧《汉武大帝》，不少剧情和淮南王有关。里面汉武帝吃惊地发现，刘安的女儿翁主刘陵，在长安的舞台上是"交际花"，而且背后勾结匈奴谋反，想把汉武帝轰下去，让她爸爸上台。汉武帝勃然大怒，认为她自作孽不可活，后来让张汤审讯刘陵，她畏罪自杀。这件事在《史记》中有些记载，刘安的女儿的确在长安活动，当间谍。后来汉武帝玩了一招，让诸侯王窝里斗，就是采纳近臣主父偃的推恩令，把诸侯国的大蛋糕切成小块。先前刘邦只让诸侯王传给太子，其他孩子没你们的事。这时候汉武帝说，哪能没你们的事啊，你们多可怜啊，也给你们封地，封地的租税是你们的，但是统治权是朝廷的。你们干不干？甭问，其他儿子乐开花了，天上掉馅饼还不要，白吃果子还嫌青？朝廷也美了，这是温水里煮青蛙啊，看乐子不嫌事大，还能收回权力。诸侯王的继承人们惨了，只能大眼瞪小眼。这还不算，汉武帝还鼓励诸侯国内部告发作奸犯科者。当时刘安的庶长子刘不害，因为不得刘安的喜爱，王后、太子等都不把他当作刘安的儿子。刘不害的儿子刘建，很有才学，怨恨太子刘迁轻视他的父亲，同时也因为父亲不受喜爱，未能获得封侯，心生不满。他趁机向汉武帝告状，说知道了淮南王太子谋逆的事情，汉武帝派出廷尉负责审理，刘建供出刘迁勾结朋党、意图不轨的事情，于是汉武帝派廷尉张汤前往淮南国，逮捕太子刘迁，同时拜访淮南国中尉，考察淮南国情况。刘建打算让他爸爸继位，没想到结果玩大了，连他爷爷也完蛋了。最终，汉武帝元狩元年，刘安在汉武帝派去的审判特使到达之前自刎身亡。电视剧《汉武大帝》里，朝廷的钦差大臣来拿人，刘安服毒自尽，临死背的还是他《淮南子·原道训》里无思无虑大丈夫那段话：

> 大丈夫恬然无思，澹然无虑；以天为盖，以地为舆，四时为马，阴阳为御，乘云陵霄，与造化者俱。纵志舒节，以驰大区。可以步而步，可以骤而骤。令雨师洒道，使风伯扫尘；电以为鞭策，雷以为车轮。上游于霄霓之野，下出于无垠之门。

得道者与天地造化同体，他安静得好像没有思绪，淡泊得好像没有意念；把上天作为车盖，把大地作为车子，春夏秋冬是马，阴阳二气是车夫，逍遥自在，上天入地，闲庭信步。但这和发生在淮南王身上的故事相差太远，不能不说是个巨大的讽刺。

与其政治上的叛乱和失意不同的是，刘安在学术上非常广博和融通。他组织门客撰写了《淮南子》《淮南王赋》《淮南群臣赋》等著作，其中尤以《淮南子》这样一部百科全书式的著作最为出名。《淮南子》原名《淮南鸿烈》，《隋书·经籍志》始称《淮南子》，由刘安与一众儒生、方士"共论道德，总统仁义"
而成，旨在为汉王朝提供治国方略，其实是向文帝、景帝、窦
太后表忠心。书中涉猎内容十分广泛，集哲学、政治学、史学、
伦理学、农学、经济学、军事学等学科于一书，对先秦诸子百
家均有所涉及，在《汉书·艺文志》中著录为杂家类。但就其
总的思想内涵来说，该书应属道家之作。淡泊无为，蹈虚守静，
出入经道，是汉初黄老道家思想的集中体现。

豆腐怎么来的

既然笃信道家，那么对道家的"深根固柢，长生久视"（《道
德经》）之术也会青睐，《淮南子》中阴阳方术自然也少不了。
这说明，刘安也同许多人一样有着对长生不老的追求。"一人得
道，鸡犬升天"的典故就与之相关：据说刘安所招揽的三千门客
中，最有学识的是左吴、李尚、苏飞、田由、毛被、雷被、晋
昌、伍被这八人，被称为"淮南八公"。刘安与"淮南八公"在
紫金山采集百药炼制仙丹，以求长生不老，故紫金山也叫"八
公山"。在葛洪《神仙传》中记载，淮南王和"八公"在山上终
日谈仙论道，一日全家三百余人服药得以升天。剩下的药鸡犬
得食，也都成仙了。

有关刘安发明豆腐，有不同版本的传说，但无不与其崇信

道教、热爱炼丹有着密切的联系。神奇的是，豆腐有别名，叫黎祁、来其。这是联绵词，形容词，可能和豆腐发现的偶然性有关。

刘安所居的淮南一带盛产优质大豆，当地百姓喜喝豆浆，刘安也不例外，每天早晨总爱喝上一大碗。据说，刘安端着一碗豆浆，在炉旁看炼丹出神了，竟忘了手中端着的豆浆碗，手一抖，豆浆泼到了炉旁炼丹用的一小块石膏上。不多时，出现一块软嫩的固体，食用无毒且口感十分鲜嫩；于是如法炮制，加大剂量，生成更多的白色固体，刘安连呼"离奇，离奇"，音同"黎祁"，后称豆腐。南宋陆游的《邻曲》说："拭盘堆连展，洗釜煮黎祁。"他自注："蜀人以名豆腐。"清朝郝懿行的《证俗文》卷一载："淮南王弄术成豆腐，豆腐一名黎祁。"这个说法是宋代以后文献里出现的。

还有一种说法：刘安炼丹时需要以黄豆汁培育炼丹用的丹苗，他将盐卤水加入去渣的黄豆汁内，对着盛放豆汁的容器不停地念着"来其，来其"，期待出现奇迹，炼出长生汤。但黄豆汁却逐渐凝固，这种变化令当时的刘安十分震惊。在让鸡狗品尝确认无毒之后，他又亲自品尝，感觉味道不错，遂配以作料食用，并把这种食品称为"来其"。清代周广业《循陔纂闻》卷一说："豆腐，淮南王作，名菽乳。《虞集序》曰：'乡人呼为来其，一名黎祈。'""来其""黎祁"两者似乎是一音之转，"来其"两个字应该不能拆开解释吧。

另有一说是，刘安在山上炼丹时需将黄豆磨成豆浆作为辅料。豆浆在使用后混杂不同物质，被当作废水倾倒，流经坑洼时一部分储存其中，豆浆便凝结成软固体。因为这些固体是炼丹的废料，加上长期淤积，甚至会腐烂长毛，于是便有了"豆腐"这个名字。最初是一些拾荒者用豆腐充饥，因为味道鲜美，逐渐为越来越多的人所接受。炼丹者们反复摸索，不断积累经验，终于确定用石膏和草灰做凝结剂，开始专门制造豆腐食用。豆腐由此成为中国人饮食中的重要组成部分。由于豆腐发明于八公山，所以今天"八公山豆腐"仍然是安徽省的重要文化符号。这一说法也与《寿县文史资料》的记载更为贴合。

无论是哪一种说法，讲的都是豆汁与石膏偶然相遇，产生了不可遏制的化学效应，形成了一种鲜嫩绵滑的块状物，食之味道鲜美。经后人大量制作，不断改进工艺，成为上至君王相侯，下至黎民百姓皆爱食用的菜品。而人们也将淮南王奉作"豆腐鼻祖"，将刘安著书炼丹之地——八公山称为豆腐的发祥地。

文献中，有关豆腐创造者的记载最早出现在南北朝时期谢绰的《宋拾遗录》中："豆腐之术，三代前后未闻。此物至汉淮南王刘安始传其术于世。"这是现今在文献中找到的首次指明豆腐发明者及其发明时间的记载，此后许多文献记载都沿用这一说法。到宋代开始，关于豆腐的文献记载明显增多。朱熹《豆腐》

诗："种豆豆苗稀，力竭心已腐。早知淮南术，安坐获泉布。"尤其在诗的最后，朱熹自己进行注释曰："世传豆腐乃淮南王术。"

经过明清时期不同人的叙述，淮南王刘安发明豆腐似乎已成为共识。明人叶子奇在《草木子·杂制篇》中说"豆腐始于汉淮南王刘安之术也"，直接认为豆腐是由汉淮南王创造的。李时珍在《本草纲目·谷之四》中载："豆腐之法，始于汉淮南王刘安。"清嘉庆翰林院的李兆洛，在任凤台县令期间纂修嘉庆《凤台县志》的《食货志》中写道："屑豆为腐，推珍珠泉所造为佳品。俗谓豆腐创于淮南王，此盖其始作之所。"

在制作工艺方面，至今我们发现的最早记录豆腐工艺的文献是宋代的《本草衍义》，重点描述了将生的大豆磨碎的步骤，体现了磨豆这一程序。苏轼在《又一首答二犹子与王郎见和》中说"煮豆作乳脂为酥"，以及陆游在《邻曲》中说"洗釜煮黎祁"，这就是制作豆腐的煮浆程序。在明代各类文献记载中，豆腐的制作工艺体现得较为完整。李时珍在《本草纲目》中也记载了做豆腐的方法：用黑豆、黄豆及白豆、泥豆、豌豆、绿豆之类，制作时用水漫过，磑碎，去掉渣滓，煎成，用盐卤汁或山矾叶或酸浆、醋淀点豆腐。将面上凝结的物质揭取晾干，名为豆腐皮。至此，对于豆腐的制作过程已经有了系统、详细的叙述——浸泡、磨浆、滤浆、煮浆、点浆。

史载与刘安有关的《淮南王食经》等食谱书已经失传，因此无法直接佐证豆腐的创始人就是刘安。从众多文献记载来看，刘安意外发现的豆腐与五代时期的豆腐截然不同，更像是豆浆加盐后的沉淀品，不能算是作为菜肴的精美食物，这也许是不见于当时文献记载的原因。

考古发现中的痕迹

　　考古发现为确定豆腐的发明者就是刘安提供了较为有力的证据。1960 年，考古工作者在河南密县打虎亭发掘了两座公元 2 世纪左右东汉晚期的墓葬遗址，墓葬中东耳室刻有《庖厨图》，经专家辨析，其中有关于豆腐制作的壁画，分为五幅图：第一幅图有一个大缸，缸后面站立二人，这应该是体现豆腐制作的泡豆的过程；第二幅图有一个圆磨，磨后面有一人，右手执勺子伸进大缸中，这应该体现的是舀出大豆并磨细的过程；第三幅图有一个大缸，缸后面站着二人双手拉着布在缸中过滤，缸中还漂浮着一个勺子，缸的左边站着一个人，似乎在指点着这两个人操作，这明显地体现了做豆腐滤浆的过程；第四幅图是一个小缸，缸的后面有一个人手拿着棍子在缸中搅动，这体现了点浆的过程；第五幅图是带脚架的一个长方形箱子，箱子上有一块盖板，板上横压着一根长杠，杠的端顶上吊着重物，箱子的左下边有水流出来注入地上的罐子里，这是做豆腐的镇压过程。

这组壁画记录了墓主人生前的生活场景，同时所记录的豆腐制作工艺已经程序化，所以说豆腐产生于汉代淮南王时期是有可能的。

此外，豆腐制作的原料——大豆、石磨、石膏等在西汉时期已经广泛存在。尤其刘安所处的淮南属于华北地区，是大豆的重要产区。《淮南子·地形训》说北方"其地宜菽"。"菽"即是大豆。大豆易于种植，产量高，经常作为日常生活中的主食。西汉时期，大豆在中原地区的种植已经占据了相当大的地域。

《庖厨图》中疑似做豆腐的场景，打虎亭汉墓壁画

就其食用范围来看，大豆不仅是下层平民备荒的主要食物，也是上层贵族经常食用的谷物。长沙马王堆汉墓中出土了多种谷物，其中就有大豆。此外，1963 年发现的靖王汉墓出土了一具完整的石磨。无独有偶，1977 年安徽阜阳汉墓也出土了完整的石磨，可见它是西汉初期王侯的重要食物加工器具。总之从技术来看，西汉已经具备了生产豆腐的充分条件。

　　豆腐的发现不尽是偶然的，除了农业生产水平的发展，淮南的天时地利和刘安自身的因素也十分重要。长沙马王堆汉墓出土了大量食材，仅三号墓随葬的食品就装了 38 个竹笥，能辨认的动物性食材就有鹿、猪、牛、羊、狗、兔、鸡、雉、鸭、鹅、鹤、鱼、蛋等 13 种；香料有花椒、肉桂、高良姜、香茅草等；水果有枣、橙、梨、柿、梅、橄榄、菱角等。美食家刘安是汉代社会的一个缩影。刘安所著的《淮南子》有浓厚的重农思想，虽未明确记录豆腐的制作，但其《主术训》强调“食者，民之本也；民者，国之本也；国者，君之本也”，又说“鱼不长尺不得取，豕不期年不得食。是故草木之发若蒸气，禽兽之归若流泉，飞鸟之归若烟云，有所以致之也”，意思是说鱼不到一尺长不准捞捕，猪不满一年不准吃，因此草木生长如同空气蒸腾，禽兽归来如同泉水奔流，飞鸟归来如同烟云汇聚，这是用来求得它们的办法。他注重适时养生，成为他能够作为豆腐发明者的合理依据。所以，淮南王刘安不仅仅是一个密谋叛乱的复仇者，还是一个崇尚黄老思想、无为而治、热衷方术的杂学家，是一个百科全书式的学术领袖。

豆腐的产生和发展也有着自身的文化血脉。在长期的食用过程中，人们丰富着豆类食品的食用方法和文化含义。春秋战国时期，人们用煮食的方法制作豆羹，并向其中注入君子的乐贫守道、孝敬父母的内涵。《礼记·檀弓下》："子路曰：'伤哉贫也，生无以为养，死无以为礼也。'孔子曰：'啜菽饮水，尽其欢，斯之谓孝。'"子路说贫穷令人忧伤，父母生前没条件去供养，父母过世时，也没条件筹办丧礼。孔子说哪有那么复杂？吃豆子喝白水，父母快乐地活着，就是孝。"菽水之欢"其实是为父母奉上普通食物，让其欢乐的意思。"菽水之欢"是一个非常有生活味的成语。豆腐受天人合一的饮食观念影响，具有食医相通的特色，豆腐也广泛用于医药治疗之中。豆腐味甘性寒，是补益清热的养生食物，常食用可以补中益气、清热燥肠，适合热性体质、肠胃不清、热病后调养者食用。

豆腐是中国最重要的食物之一，如今各式各样的加工方式让原本朴素、软嫩的豆腐吃法更加丰富，形式更为多样。刘安最初意外的发

石磨，河北满城陵山一号汉墓出土

明，让卤水或者是石膏与大豆的汁水有了第一次相遇。第一次
见到这样的沉淀物时，没有人会想到它会一直流传下来，也没
有人能想到，经历时间的打磨，它能被呈上王公贵族的餐桌，
也能进入寻常百姓的锅碗。这是淮南王刘安有机会遇到的意外，
是汉代繁荣的社会背景下，由敬授民时、与民休息的黄老思想
孕育的独特发明，是不同地域的中国人，运用各自的智慧，适度、
巧妙地利用自然，获得质朴美味的食物并不断追求创新的结果。

第六章

酒·曹操·枭雄

曹操（155—220）生于东汉末年宦官世家，年少时就有人评价其为"清平之奸贼，乱世之英雄"①。后来，他破黄巾军，刺董卓，消灭割据势力，扩大屯田，安置流民，促进中原地区经济发展和社会稳定，奠定了曹魏政权的基础。史书中的曹操，既是僭越皇权、凶残狠毒的"奸绝""枭雄"，又是用人唯才、豪爽多智的贤达，本身具有的多元底色加之历代演绎，让他的形象鲜活而丰满。

煮酒论英雄

　　《三国演义》中，曹操与刘备青梅煮酒论英雄，一句"今天

_____

① 　此许劭之语。《后汉书·郭符许列传》说曹操是"君清平之奸贼，乱世之英雄"，《三国志·武帝纪》裴松之注引孙盛《异同杂语》说曹操是"子治世之能臣，乱世之奸雄"，两者表述略有不同。

下英雄，惟使君与操耳"彰显豪气与慧眼识人的政治才干。他
"挟天子以令诸侯"，一首《对酒》是他痛饮之后对太平盛世和
自己政治蓝图的遐想。据说赤壁之战前，他横槊赋诗："对酒当
歌，人生几何，譬如朝露，去日苦多。慨当以慷，忧思难忘。
何以解忧？唯有杜康。"一首《短歌行》诉生命短暂、功业未成
之忧。横槊赋诗是苏轼《赤壁赋》的说法，《三国演义》中记横
槊赋诗后曹操借着酒醉伤人命，塑造了他的狡诈①。酒入忧肠，
酒中有政治家的胆识与智慧，也有诗人的豪情与细腻。

　　魏武帝曹操，字孟德，是杰出的政治家、军事家、诗人。
煮酒论英雄的故事，《三国演义》有，《三国志·蜀书·先主传》
也有一些痕迹：

　　　　曹公自出东征，助先主围布于下邳，生禽布。先主复得
　　妻子，从曹公还许。表先主为左将军，礼之愈重，出则同舆，
　　坐则同席。袁术欲经徐州北就袁绍，曹公遣先主督朱灵、路
　　招要击术。未至，术病死。先主未出时，献帝舅车骑将军董

---

① 　这也是编派曹操。唐代元稹《唐故工部员外郎杜君墓系铭》说："建安之后，
天下文士遭罹兵战，曹氏父子鞍马间为文，往往横槊赋诗。故其道壮抑扬怨悲
离之作，尤极于古。"宋代苏轼《赤壁赋》说："舳舻千里，旌旗蔽空。酾酒临
江，横槊赋诗，固一世之雄也。"这些地方都没说曹操横槊赋诗和《短歌行》有
关，更没说伤人性命的事。

承辞受帝衣带中密诏，当诛曹公。先主未发。是时曹公从容谓先主曰："今天下英雄，惟使君与操耳。本初之徒，不足数也。"先主方食，失匕箸。遂与承及长水校尉种辑、将军吴子兰、王子服等同谋。会见使，未发。事觉，承等皆伏诛。

说的是，汉献帝国舅，车骑将军董承受帝衣带中密诏，要诛杀曹操。先主刘备还没答应。这时曹公从容地对先主刘备说："今天下英雄，惟使君与操耳。本初之徒，不足数也。"陈寿描写："先主方食，失匕箸。遂与承及长水校尉种辑、将军吴子兰、王子服等同谋。"这时刘备被曹操派出征讨，事发后，董承等皆伏诛，就剩刘备了。这些内容是罗贯中进行扩写的关键信息，但没有说刘备、曹操是在什么样的环境下发生的对话[1]，也没有交代刘备在听到"今天下英雄，惟使君与操耳"之后是如何替自己解围的。《三国演义》增加了文学的浪漫，还加了青梅煮酒的情节，凸现了谈笑之间暗藏的杀机。

《上九酝酒法奏》

在政治家、军事家、文人的身份之外，曹操还是品酒、造

---

[1] "方食，失匕箸"是否在曹操府上，不得而知。

酒的高手，"何以解忧？唯有杜康"不是白说的。曹操与酒渊源颇深。品酒作诗之外，他也有自己的酿酒心得。据说今天的古井贡酒就和他有关系。

古井贡酒，产自安徽亳州，也叫曹操贡酒。此酒与曹操之间有着怎样的故事呢？据说古井贡酒的记载最早见于《上九酝酒法奏》，酝是酒母，故事要从曹操"奉天子以令不臣"说起。

曹操于兖州稳定自身势力后，奉迎献帝的提议就提上了日程。在谋士荀彧、程昱的支持下，他派曹洪先行，接着就亲自前往洛阳，朝见汉献帝。

此时的洛阳在经历董卓之乱后，已经是一片废墟了。汉室宫廷君臣抵洛阳时，"宫室烧尽，百官披荆棘，依墙壁间，州郡各拥强兵，而委输不至"[①]。

建安元年（196），曹操以"洛阳残破"为由，让汉献帝刘协暂定许都（今河南许昌）为大汉都城。汉献帝遂于九月迁都许昌，并任命曹操为大将军，晋封武平侯。曹操对此谦辞几番后应承下来，并向皇宫进献了许多日用器物，计有铜器、纯银粉铫等物。这些在《魏武帝集》中的《上献帝器物表》中有记

---

① 《后汉书·孝献帝纪》。

载。① 除了器物，曹操还呈上了家乡亳州产的"九酝春酒"及其制作方法，正是《上九酝酒法奏》。这既是亳州的"九酝春酒"曾作为贡品的最早的文字记载，也是距今已有一千八百多年历史的古井贡酒之源头。

曹操写道：

> 臣县故令南阳郭芝，有九酝春酒法。用曲三十斤，流水五石，腊月二日渍曲。正月冻解，用好稻米，漉去曲滓便酿。三日一酿，满九石米止。臣得法，酿之常善。其上清，滓亦可饮。若以九酝苦难饮，增为十酿，差甘易饮，不病。今谨上献。

这一段文字简要地阐明了"九酝酒法"的源头、酿造工艺，还有改进方法。最早收录这段文字的《魏武帝集》久已散佚。今人是从北魏贾思勰的《齐民要术》中见到的。《齐民要术》卷七在收录这些文字之余，对"九酝酒法"也做出了解释："九酝用米九斛，十酝用米十斛，俱用曲三十斤，但米有多少耳。治曲淘米，一如春酒法。"

---

① "臣祖腾有顺帝赐器。今上四石铜铦四枚，五石铜铦一枚，御物有纯银粉铫一枚，药杵臼一具。"铦（xuān）是一种锅，铫（diào）是一种烧水的器具。曹操在和汉献帝套近乎。

首先是九酝春酒的制作方法从哪儿来？根据记载是曹操故乡谯县的县令郭芝从南阳郡带过来的。九酝春酒在多处记载中都显示是南阳郡的特产。《南都赋》是汉代科学家、文学家张衡创作的一篇赋。南阳太重要了，光武帝刘秀起兵于南阳。张衡也是南阳人。此赋主要铺叙了南阳的地理位置和风俗习惯，《南都赋》中写"九酝甘醴，十旬兼清"，李善引曹操《上九酝酒法奏》以注张衡《南都赋》中的"九酝酒"。九酝春酒口味甘美，"十旬"也就是说须一百天才能酿造纯清。

具体又是如何制作的呢？首先是酿酒使用的原材料，包括稻谷、水泉、陶器和酒曲。酒曲也作酒粬。从科学原理加以分析，酒曲实际上是从发霉的谷物演变来的。在经过蒸煮的白米中，带入曲霉，然后保温，米粒上便会茂盛地生长出菌丝，此即酒曲①。曲是糖化发酵物，曲霉产生的淀粉酶会糖化米里面的淀粉，因此，自古以来就用酒曲来制造烧酒、甜酒和豆酱等。酒曲的生产技术在北魏时代的《齐民要术》中第一次得到全面总结。曲一般分为神曲和本曲，"九酝春酒"所用的曲是神曲，即现在

———————

① 酒曲的起源甚早，伪古文《尚书·说命下》："尔惟训于朕志，若作酒醴，尔惟曲糵；若作和羹，尔惟盐梅。"传说为傅岩筑墙之奴隶，武丁梦见圣人，名字是"说"，于傅岩得之，举以为相，国大治。这篇文章是模拟武丁的口气，说你当顺从我的意愿，比如做甜酒，你就是曲糵；比如做羹汤，你就是盐和梅。曲糵即酒曲。

的小曲。据说，"桃花开时制曲，花凋曲成"，因为采用的是桃花春曲，所以称为九酝春酒。春酒是春酿秋冬始熟之酒。然后则是酿制的时间，"腊月二日渍曲"，到"正月冻解"以后开始投料。最为关键的是酿制方法，"九酝春酒法"是在一个发酵周期内加入原料的方法，原料并不是一次性加入，而是分批投放，分批投料的次数可达到九次，以三日为单位计一次酿制，九次投料则需要二十七天。

点睛之笔在于曹操对于九酝酒的改进。他在亲自酿制后，总结出控制用曲量和原料米的配比对口感的影响。增为十酿，则酒品尝起来更为甘甜。在曹操向汉献帝推荐之前，它还只是谯县的地方酒；在南阳的郭芝把它带来谯县之前，它还没有形成较为规范的生产流程，也没有与谯县的水土、气候相契合，更没有经过谯县人民经年累月的酿制与改进。从东汉末年的地方名酒到宫廷用酒，从魏晋时期的全国名酒到当代中国的八大名酒之一，曹操上奏汉献帝的《上九酝酒法奏》至关重要。此后，历代酿酒均采用连续多次投料的方法，皆以魏武帝所上九酝法为其原始依据。曹操除了对酿酒工艺关注、了解之外，他还亲自酿制美酒，并进行总结和改进，说他是酿酒师并不为过。

再之后，曹操所献的"九酝春酒"在明代得到了进一步的改进。"老五甑"蒸馏酒制作技艺的出现，进一步提高了出酒率；新航路开辟之后，新的物种传来，高粱、玉米和薯干类淀粉含量较高的原料投入使用后，让白酒味更浓香。到了现代，微生物技术应用于白酒的酿制，传统工艺结合现代化的高科技，让古酒更为醇香。

在今人视角的解读下，曹操所总结、改进的"九酝春酒法"正是一种通过分批放入原料对发酵状态进行控制的方法。正是这样不厌其烦地多次投料，得以酿制出优质美酒，并提高了出酒率。

古人在实践中所得的经验，与现代科技下的科学解释和精密计算总是不谋而合：《齐民要术》中的"九酝用米九斛"解释了酿制过程中原料与曲的配比，用曲量（三十斤）只有原料米（九斛）的 3%；从曹操改造的"若以九酝苦难饮，增为十酿，差甘易饮"，人们发现酒味取决于米与曲的比例，《齐民要术》说曲多酒苦，米多酒甜。酿酒工艺中原料和酒曲的配比比例，是能否酿出好酒的关键环节，这主要依靠酿酒师们日积月累的经验，才能把握好。而曹操时代已经做得非常精细了。

不"远庖厨"的曹操

曹操不仅热衷于酿酒，而且还是"美食家"，不远庖厨。"君子远庖厨"，是孟子说的。《孟子·梁惠王上》记载了一个有趣的故事：孟子认为齐宣王是有仁慈之心的，他说："我曾经听人告诉过我,大王您有一天坐在大殿上,有人牵着牛从殿下走过,您看到了,便问:'把牛牵到哪里去?'牵牛的人回答:'准备杀了取血祭钟。'您便说:'放了它吧!我不忍心看到它那害怕得发抖的样子,就像毫无罪过却被判处死刑一样。'牵牛的人问:'那就不祭钟了吗?'您说:'怎么可以不祭钟呢?用羊来代替牛吧!'不知道有没有这件事?"齐宣王说有,孟子说这很棒,凭大王您有这样的仁心就可以统一天下了,因为不忍心干坏事:"是乃仁术也,见牛未见羊也。君子之于禽兽也,见其生,不忍见其死;闻其声,不忍食其肉。是以君子远庖厨也。"①

但曹操却是一个很接地气、对于食物颇有研究的人,他不是儒生,也不会那么讲究。陈寅恪先生说曹操、刘备都是寒门地主,和东汉、西晋的儒家政权不同,他们信的是法家,自然接地气。在曹操所写的诗歌、文章中,有不少关于饮食的内容。据统计,曹操诗歌今存20首,完整的15首诗中涉及饮食的有12首。而在150篇存文中,纯粹以饮食为内容的总共有5篇,即《为兖州牧上书》《上献帝器物表》《上九酝酒法奏》《与诸葛亮书》《与皇甫隆令》,另外还有一部美食专著《魏武四时食制》。

---

① 所以君子远离厨房,就是远离杀生。后来还有副对联,"庖厨君子远,菽水妇人宜"。人们认为君子应该远离厨房这种小地方;从古到今,贤惠的妇人则最擅长给家人烹饪。有很浓的重男轻女的思想,当然也反映了古人的社会分工。

《为兖州牧上书》是兴平二年（195）曹操的奏折。那年汉献帝东迁，几经变乱，宫廷困乏。曹操作为军阀自领兖州牧，挟天子以令诸侯，经常向皇帝进献食物和器物，也是讨好皇帝。原文很短，说："山阳郡有美梨，谨献甘梨三箱。"[1] 这是贡奉特产，给皇帝尝尝，也是刷刷存在感。

曹操听说有个老人叫皇甫隆令，已经百岁，就去问个究竟。《与皇甫隆令》[2] 一文说："闻卿年出百岁，而体力不衰，耳目聪明，颜色和悦，此盛事也。所服食施行导引，可得闻乎？若有可传，想可密示封内。"[3] 然后这个老爷子就谈了半天养生，贵生、修道、炼精（吞唾液）、吃阿胶等。可以看出，习惯了枕戈待旦、纵横驰骋的曹操，也和许多贵族一样，很惜命。

日有所烹，夜有所记。曹操根据自己的饮食经历，写了一本美食专著《魏武四时食制》。这本书主要记载了各种食品的烹饪技术和各地美味，现存多数内容都是关于鱼的，包括产地、形态、烹饪方法和食用感受等。比如"郫县子鱼"，文中记载为："郫县子鱼，黄鳞赤尾，出稻田，可以为酱。"郫县是今四川省成都市西北的一个区（郫都区），子鱼就是小鱼，"黄鳞赤尾"的样子就是我们现在常见的鲤鱼。可以想象在四川这样以丘陵

---

① 《初学记》卷二十，《太平御览》九六九。

② 这个人叫皇甫隆还是叫皇甫隆令，人们有分歧。

③ 《全三国文》卷三文后注说引自《千金方》卷八十一。

地形为主的内陆地区，有小鲤鱼在稻田间游来游去，人们在辛苦劳作一天后可以享用到鱼鲜，烹作佳肴，在自然中追求味觉的至鲜、至甘，确为一件美事。

还有一些充满想象力、稍加夸张的描述："东海有大鱼如山，长五六里，谓之鲸鲵，次有如屋者。时死岸上，膏流九顷。其须长一丈，广三尺，厚六寸，瞳子如三升碗，大骨可为矛矜。"曹操眼中的鲸鱼体形庞大，是海中巨兽。雄奇壮丽的笔法，一如其飘逸洒脱的文风。

《魏武四时食制》中的一些内容逐渐演化为与曹操有关的名菜，如羹鮋、驼蹄羹、曹操鸡、官渡泥鳅等。这些菜不仅美味，而且有极高的营养价值，结合三国故事演绎之后，成为兼具三国文化和饮食文化的历史名菜。羹鮋即用鮋鱼做的肉汤。羹鮋的做法，即把鱼肉和菜煮在一起，近似浓汤，是夏天吃的美味。营养方面，由于鮋鱼富含蛋白质、矿物质等营养元素，适合进行食补。传统医学认为鮋鱼性温、味甘，具有补气、开胃等功效，夏天食用能滋阴补阳。据说曹操非常爱吃鸡，对于鸡哪个部位的肉最鲜美都颇有心得。由于日常生活中常常吃鸡，行军口令也在鸡身上做文章。其中就有我们都非常熟悉的"鸡肋"的故事。曹操攻打汉中之时，屯兵日久。正在犹豫是否退兵时，庖厨恰好端进鸡汤，曹操看到碗中有鸡肋，因而有所感，便在夏侯惇当晚来问夜间口令的时候，随口回答："鸡肋！鸡肋！"行军主簿杨修听闻此讯，就让随行的军士收拾行装，准备归程。自作聪明的杨修解读出了鸡肋之意——"以今夜号令，便知魏王不日将退兵归也。鸡肋者，食之无味，弃之可惜。"他也因此而为自己招来了杀身之祸。

　　而安徽合肥的"曹操乌鸡"，以当地优质仔鸡为本，配合酒料制成，营养丰富。所使用的乌鸡素有"白凤"之称，具有滋阴壮阳、养血、补肾等功效，还有增强体质和抗病功能。"药食同源"，当时的皇家贡品今日已走进寻常百姓家，品尝美味之余，还有防病治病的作用。传说这道菜是曹操亲自命名的。官渡之战中，曹操和袁绍两军对垒，相持了很长时间，军粮匮乏。官渡在黄河南岸，水泽多，水温较暖，有很多泥鳅生活在有淤泥的净水或流水缓和的水域中。饥饿难耐时，曹军中就有士卒偷偷捉泥鳅烧着吃，但被人以违反军纪为名，报告给了曹操。曹操不动声色地让这个士卒依样烧了两条，品尝过后，觉得味道鲜美且能够充饥。于是他非但没有处罚那个士卒，还将烧泥鳅推广到全军，解除了官渡之战一时的饥荒，极大地鼓舞了士气，有利于取得战争的胜利。在做法上，有人说用泥包裹后烧制，但也有人直接加作料烹饪，具体方法并无可考。营养价值方面，《本草纲目》记载，泥鳅"暖中益气，醒酒，解消渴"，本身含有优质蛋白质、脂肪、维生素等微量元素，有"水中人参"之称。

与曹操有关的菜肴，除上述所荐，还有驼蹄羹、天下归心、华佗圆子、魏都莲房、貂蝉拜月等。这些菜肴对后来的饮食文化影响巨大。伴随着饮食文化的不断传承和创新，三国菜肴的数量、主要味型已难以考证，但魏武帝曹操的《魏武四时食制》对河南地区的菜品有深远的影响，其中记载的许多佳肴食用时间十分讲究，使豫菜四季分明的特点得到了加强。无论从菜肴种类，还是从记载的细腻、考究来看，曹操在酿酒师之外还是一位美食家，让人们看到了这样一位伟岸豪迈的英雄人物身上独具一格的生活品位。

"鸡舌香"的故事

《与诸葛亮书》也特别有意思。众所周知，曹操与诸葛亮是死敌。但奇怪的是，曹操曾经私人给诸葛亮写了一封信，还送了礼物："今奉鸡舌香五斤，以表微意。"只有十一个字。这个记载最早见于宋朝的《五色线集》。而《五色线集》这本书的史料价值很低，《四库全书》收录时，清朝馆臣纪晓岚等就评价此书是"割裂舛谬，不可枚举"。

因此这封信很可能是后人的伪作，可信度不高。另外，也有学者认为这信的收信人可能是书法家胡昭，他也字孔明，而非诸葛亮，此孔明非彼孔明。也有人说，如果"今奉鸡舌香五

药用丁香

斤，以表微意"确实是曹操写给诸葛亮的信，那么这五斤鸡舌香自然有特殊含义。曹操确实干过用送东西来表达特殊意思的事情，比如给荀彧送空食盒[1]，给太史慈送当归[2]。

鸡舌香是贵族常用的香料，是桃金娘科蒲桃属植物丁香蒲桃（药用丁香）的花蕾，味辛、性温，可治胃寒呕逆、风冷齿痛、口臭、妇人阴冷等症。因为朝廷重臣要和皇帝近距离接触，所以他们要使用鸡舌香来去口臭，好比现在的口香糖。曹操送给诸葛亮五斤鸡舌香，数量不少，表达的意思是不是希望他能离开刘备，改头换面投奔自己呢？《三国志》没有记载，也许此信是后人杜撰的。但即便杜撰，也有一定寓意在内吧。

---

[1] 曹操给荀彧一个空的饭盒，荀彧收到后自杀了，此事见于《三国志》裴松之注所引孙盛《魏氏春秋》。

[2] 《三国志·太史慈传》说太史慈是名将，"长七尺七寸，美须髯，猿臂善射，弦不虚发"。曾随从孙策讨"麻保贼"，敌军占据地利，爬到箭楼上辱骂，"慈引弓射之，矢贯手著棼，围外万人莫不称善"。太史慈弯弓搭箭，在百米之外，一箭射穿了敌人的手掌，将手掌钉在箭楼的木梁上。"曹公闻其名，遗慈书，以箧封之，发省无所道，而但贮当归"。当归是滋补品，是暗示太史慈当归顺于我曹操。太史慈明白曹操之意，却并不搭理他。

饮食与治国

孟子讲知人论世。从东汉末期的时代大环境来看，此时朝廷腐败，宦官、外戚专权，党锢之祸摧伤了士大夫，不仅山河动荡，军阀割据，战争频仍，而且儒家礼教在社会上遭遇了前所未有的信仰危机，今文经流于迷信，古文经流于烦琐，道教、佛教在混乱不堪的社会中顺势而起。曹操的思想和他所处的社会环境密切相关。关于曹操的出身，陈寅恪先生有不少精彩的论述：

> 魏晋统治者的社会阶级是不同的。不同处是：河内司马氏为地方上的豪族，儒家的信徒；魏皇室谯县曹氏则出身于非儒家的寒族。魏、晋的兴亡递嬗，不是司马、曹两姓的胜败问题，而是儒家豪族与非儒家的寒族的胜败问题。
>
> ……
>
> 魏统治者的社会阶级与晋不同。魏统治者曹氏出身于寒族，且与阉宦有关。曹操的崇尚与政策即由他的阶级出身决定。
>
> ……
>
> 要摧陷廓清豪族儒教教义的曹操，转而求以法术为治。所以他重刑。陈琳檄文所说"细政苛惨，科防互设"，反映

的是儒家豪族对曹操重法术的看法。好法术可以说是曹操
鄙弃儒术的一种必然结果。[1]

　　《三国志·武帝纪》说，汉桓帝时，宦官曹腾为中常侍、大
长秋，封费亭侯。他的养子是曹嵩[2]，官至太尉。曹嵩生了曹操。
曹操"少机警，有权数，而任侠放荡，不治行业，故世人未之
奇也"。他靠着镇压黄巾起义起家，后来"挟天子以令诸侯"，
以朝廷之名四处讨伐，逐渐削平地方割据势力，统一北方，使
中原地区得以休养生息。曹操精通兵法、擅长作诗，著有《孙
子略解》《兵书接要》，他的诗多描写现实，不落窠臼，慷慨悲凉，
与子曹丕、曹植被后人合称"三曹"，为建安文学的代表人物。
　　陈寅恪先生的观点很有启发性。有人说，曹操作品中有很
多儒家气息，不仅具备积极入世的治世情怀，而且诗文里儒家
经典用得很多，说明他对儒家并不排斥。曹操作为成熟老练的
政治家，对儒、法、道、墨、名等诸家学说，皆有所接纳，并
不是"专通一经""尊书忘道"的象牙塔内的学者。他的着眼点
在于提取古代思想中合乎当世需要的成分，积极地治军施政。

---

① 　陈寅恪著，万绳楠整理：《魏晋南北朝史讲演录》，贵州人民出版社，2007
年，第2、8、11页。
② 　裴松之注言吴人作《曹瞒传》及郭颁《世语》并云：嵩，夏侯氏之子，夏侯
惇之叔父。太祖于惇为从父兄弟。

曹操干了很多好事，他致力于发展社会生产力和安定人民生活，减赋轻税，重视"刑名"，多次下令让地方推荐寒门人士，任人唯贤，唯才是举，因能授官，无使人才遗漏。这样，他的麾下集聚了一批出身草根阶层但心怀天下的能人。

曹操的作品里还有道家思想的痕迹，在他的游仙诗里，"不戚年往，忧世不治"，以游仙思想反衬现实社会，遨游八极，与仙同乐，表达了他对美好而又虚幻的神仙世界的向往，但并非虚无缥缈的苟且偷生、消极享乐，而是清醒地意识到现实的冷峻，流露出壮志难酬、天不假年的悲凉沧桑，与秦皇汉武的一味迷恋长生不老的神仙方术截然不同。法家人物精通于"道"，又和刚健有为、治国安民、自强不息的"外王"儒家精神相吻合，与标榜经典、粉饰太平的经生，以及标榜周公孔子的司马氏政权判然有别。陈寅恪先生称曹操为"非儒家的寒族""好法术"，是就曹操务实的为政态度而言的。

曹操身上的标签很多，占据大家主要认知的是《三国演义》中的"奸臣""枭雄"形象，但这不妨碍在逐渐认识曹操的过程中，发现他自身复杂的多元底色和种种矛盾。他政治家、军事家的身份让我们看到一代枭雄的机警和智慧，书法家和文学家的身份让我们看到曹操的豪情与细腻，而吃喝玩乐这些"不务正业"的因素呢？

"治大国，若烹小鲜。"（《道德经》）中国治国理政思想的许多譬喻和概念都与食相连，如"定国之术，在于强兵足食"（《三国志》裴松之注引曹操语）、"夫礼之初，始诸饮食"（《礼记·礼运》）等，当饮食从"茹毛饮血"到"精烹脍炙"，其不断发展的背后，是政治制度、礼法体系的健全。由此，以饮食为基点的哲学、美学等社会属性也得以开掘，熔自然、历史、民俗为一炉，以特有的形式彰显时代风貌和生生不息的创造力。

曹操有他自己的饮食之道。曹操爱酒、懂酒，但同时他也禁过酒，并在此事上与孔融产生了争执。东汉建安十二年（207），由于连年饥馑，爆发农民起义。曹操认为饮酒丧德，为了端正风气，要实行禁酒。孔融为什么反对曹操禁酒？据裴松之注，孔融反驳曹操的大体理由是："天有酒旗之星，地列酒泉之郡，人有旨酒之德，故尧不饮千钟，无以成其圣。且桀纣以色亡国，今令不禁婚姻也。"这明显有着抬杠的意思。孔融是名士，有个性，有学问，不服曹操，说天上有酒旗星、地上有酒泉郡，人也有好酒之德。所以尧帝不饮千钟①就无法成圣人，不是吗？那时候都在说尧舜，无为而治的圣君都好酒。并且桀纣因为好色亡国，为啥不禁止人们结婚，一了百了？最后孔融犯了曹操的大忌，被杀了。

在道德风尚之外，禁酒更多是出于政治考虑。曹操禁酒自

---

① 钟，古代的一种容量单位，千钟可以理解为千杯的意思。

然有他的政治考虑，大兵之后必有凶年。这一点在鲁迅的《魏晋风度及文章与药及酒之关系》中也有印证，一堆人喝酒发疯，太误事了。当时战事不断，民不聊生，曹操说"白骨露于野，千里无鸡鸣"（《蒿里行》）。面对这样的情况，以粮精酿的酒就成了生活奢侈的象征。曹操虽身居高位，爱酒、懂酒，但在执政中对于饮食的把握让他区别于那些"何不食肉糜"（《晋书·孝惠帝》）之人，彰显了其饮食治国理念的正确与清明。

曹操也深谙饮食之礼，向汉献帝所上的《上献帝器物表》和《上九酝酒法奏》不仅是对于器物、食法的重要记载，更反映了曹操在初步巩固兖州势力时对献帝的态度，他很懂礼。一个"上"字，是建安元年曹操对落魄的汉献帝之敬、对衰微汉室之忠，起码形式上是，其他人还做不到呢。那些在曹魏政权不断巩固、后代话本小说不断演绎中消失的形象，记在这里。曹操之诗作更是对酒文化进一步的诠释和发展。《短歌行》中的酒是渴望建功立业、招揽贤才的豪情，酒中有文采灿然，有赫赫战功，有推杯换盏间的千古风流。

在年少时期，曹操敏锐地发现了郭芝酿酒口感与他平日所尝之异，独具匠心地改良了酿酒工艺；在行屯田、整理军务之余，他收集着不同地区的食谱，记录、品尝特产。在多次细致、专注地品味与制作改良后，有了那些令人惊奇的灵光乍现，留在《上九酝酒法奏》《魏武四时食制》中，让美酒与美食辐射各地、穿越古今。

　　无论是酿酒还是品味美食，曹操让那些"不务正业"成了在现代依然存续、传承的"大成就"。在单纯的喜欢、热爱生活和追求生活情趣之外，酿酒、烹饪更多展现出了他精心雕琢与治味治国的共通精神，食材的选择与配比、油盐酱醋的放置、火候的控制就像在纷乱复杂的局势中做出的一个个决策。翻手为云覆手为雨的曹操，属于"非儒家豪门"的曹操，崇尚"刑名"的曹操，也是个会生活的人。

第七章

瓜·杜甫·诗圣

杜甫（712—770）生于小官僚家庭，祖父杜审言是初唐时期的著名诗人。而杜甫也继承了家族的传统，奉儒守官。杜甫自幼好学，"七龄思即壮，开口咏凤凰"（《壮游》），凤凰是儒家文化中光明和美好的象征。在社会安定、中外文化融通的开元盛世，饮食富足，社会繁荣。举进士落第之后，他也没有感到挫败，继续漫游吴越，结交豪士，痛饮狂歌。天宝六载（747），35岁的他西入长安求官，由于权相李林甫编导了一场"野无遗贤"的闹剧，未能得偿所愿。由此他失去了经济来源，开始旅食京华，衣食艰难。直到44岁才求得一官职，任右卫率府胄曹参军①。这期间他听闻王公贵族家中"中堂有神仙，烟雾蒙玉质。暖客貂鼠裘，悲管逐清瑟。劝客驼蹄羹，霜橙压香橘"，对"朱

---

①　低阶官职，负责看守兵甲器杖，管理门禁锁钥。

门酒肉臭，路有冻死骨"的现象感到悲愤①。杜甫被后人称为"诗
圣"，杜诗被称为"诗史"。大画家蒋兆和先生在1959年，以他
自己的形象为蓝本，绘制出语文教科书上的插画杜甫像，目光
深邃，面容清癯中体现出老辣沉着，诉说着艰难苦恨和世事沧
桑。令人意想不到的是，这样一个人物，也是中华饮食史上的
达人呢！

杜甫种瓜

　　"传道东柯谷，深藏数十家。对门藤盖瓦，映竹水穿沙。瘦
地翻宜粟，阳坡可种瓜。船人近相报，但恐失桃花。"这首诗记
述了普通人家农田生活的场景，是杜甫在乾元二年（759）辞去
华州司功参军职，前往秦州时所作的诗作之一。唐肃宗乾元二
年秋天，杜甫抛弃华州司功参军的职务，开始了"因人作远游"
（《秦州杂诗二十首·其一》）的艰苦旅程。他从长安出发，首先
到了秦州（今甘肃天水）。在秦州期间，他先后用五律形式写了
二十首歌咏当地山川风物，抒写伤时感乱之情和个人身世遭遇
之悲的诗篇，统题为《秦州杂诗二十首》。这是其中第十三首。
　　虽然此诗无《望岳》之雄壮，无"三吏三别"对现实疾苦

① 《自京赴奉先县咏怀五百字》。

的关怀和同情，也不像被奉为七言律诗第一的《登高》言辞工整，将秋景悲情写入化境，但这一系列的纪行诗多层次地反映了杜甫深入乡间、俯察民情的流亡漂泊。正如注引昔人诗云："杜陵诗卷作图经"（宋林亦之《奉寄云安安抚宝文少卿林黄中》）。这样一位伟大的现实主义诗人为何流亡边地，他在寄旅、流亡时有着怎样的生活？杜甫的饮食就是个窗口。

"传道东柯谷"，说明这是个传闻，杜甫没有去过。元朝人赵汸的《杜律五言注解》说："宜粟、种瓜，见不惟山水幽胜，兼有谋生娱老之资，故可

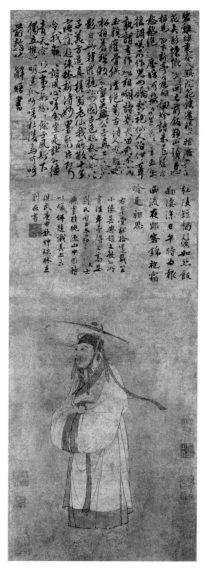

杜甫像，元代赵孟頫画

卜居耳。"杜甫听说东柯谷那里有个桃花源，高兴坏了。那里
的人因地制宜，在贫瘠的土地上种了粟，在向阳的坡地上种了
瓜。杜甫听船夫说了之后，生怕这个好地方人们不知道，赶紧
写下来。这在当时的乱世中，已经很少见了。这说明杜甫的处
境并不如东柯谷之人，乱世能种瓜是他的梦想。粟是古老的粮
食作物，瓜可能是葫芦或者甜瓜，在中国的历史也非常悠久，
《诗经》里就有"七月食瓜""绵绵瓜瓞"的说法。马王堆女尸
的胃里就有甜瓜子。《左传》里还有"及瓜不代"的故事。《左
传·庄公八年》中记载，齐襄公派连称和管至父去驻守葵丘，
那里条件很艰苦。两人临走前问："什么时候可以调回来呢？"
当时齐襄公就随口说："现在是瓜熟的季节，等明年这个时候，
就让人去代替你们。"过了一年，两人左等右等，也不见有人来。
齐襄公漫不经心，让他们再等一年。两人归心似箭，痛恨齐襄
公耍人，就发动叛乱，冲进宫来把齐襄公杀了，另立了新君。
现在常吃的黄瓜，来自西域，最早叫"胡瓜"。据说南北朝的
时候羯族人石勒称帝，下令不许提"胡"这个字，于是"胡瓜"
成了"黄瓜"。

　　天宝十四载（755），安史之乱爆发，第二年六月潼关失守，
玄宗仓皇西逃。七月，太子李亨即位于灵武（今宁夏回族自治
区灵武市），是为肃宗。这时的杜甫已将家搬到鄜州（今陕西富
县）羌村避难。他听说肃宗即位，就在八月只身北上，投奔灵武，

途中不幸为叛军俘虏，押至长安。一同被俘的王维被严加看管，杜甫因为官小，没有被囚禁。至德二载（757）四月，郭子仪大军来到长安北方，杜甫逃出长安，穿过对峙的两军到凤翔（今陕西宝鸡）投

铫瓜，[日]细井徇画，出自《诗经名物图解》

奔肃宗。五月十六日，被肃宗授为右拾遗，故世称"杜拾遗"，但由于性格耿直得罪了皇帝，被贬为华州司功参军。杜甫因对污浊的时政痛心疾首，又放弃了华州司功参军的职务，西去秦州（今甘肃省天水一带）。他经历了战乱的血腥、沦陷后的妻离子散，逐渐从一个出身于书香门第、年轻豪迈的诗人变成了在苦难中挣扎的最普通的老百姓。到秦州时，身处边地的他歌咏山川风物之貌、叹身世飘零之悲，写出"瘦地翻宜粟，阳坡可种瓜"和"采药吾将老，儿童未遣闻"①这样的诗句，流露出隐居避世之意。

──────────

① 《秦州杂诗二十首》第十六首，说的是我将终老此处隐居采药，这一打算不必让儿女们知道。

五柳鱼的传闻

　　由于战乱不断，秦州边地偏远，杜甫选择前往蜀地成都。其朋友严武、高适、章彝等人向他伸出援助之手，他得以暂时安定下来。尤其是严武，他是西南手握重兵的重臣，和杜甫关系很好。上元二年（761）十二月，严武被任为成都府尹兼御史大夫、充剑南节度使。这时唐王室为了对付吐蕃，合剑南、东川、西川为一道，支度、营田、招讨、经略等统为一体，权力相当大。严武曾经与郭子仪在秦陇一带主力配合作战，终于击退了吐蕃，保卫了西南边疆。有严武帮助，杜甫就有了靠山，他在城西浣花溪畔建成了一座草堂，也就是后来著名的杜甫草堂。后来，他被严武荐为节度参谋、检校工部员外郎。二人诗作往来频繁，严武鼓励杜甫为国效力，他成了杜甫除李白、高适之外的又一知音。严武称杜甫为"杜二"，并不见外。虽然杜甫距离长安、洛阳这样的权力中心越来越远，政治理想也越来越难以实现，但是相比起流落四方的狼狈，他能够在浣花溪畔搭建属于自己的茅草屋，欣赏美丽的自然风光，感受淳朴的风俗人情，全家人不必受颠沛流离、衣食不周之苦，也算一种慰藉。杜甫在少有的安居时刻，乐享粗茶淡饭，自种瓜果蔬菜，安于田园生活，虽然穷困潦倒，但他盛情款待朋友，帮助邻里，描述了不少观察到的和自给自足采摘烹煮的饮食。在这一时期，他在秦州对于种田、采药的想象成为现实：煮鱼、种稻、养鸡、打理菜园、修剪果树这些农田之乐成了他生活中的一部分，他的诗歌主题也从雄壮之物转向一草一木的平凡自然中，留下许多生趣盎然的佳作。杜甫描写稻米①："稻米炊能白，秋葵②煮复新。谁云滑易饱，老藉软俱匀③"，分享煮食的经验；描写东屯稻米收成的场景："秋菰成黑米，精凿傅白粲④。玉粒足晨炊，红鲜任霞散"⑤，表达稻米丰收时的喜悦之情和分享之愿；有客人来时，他"自锄稀菜甲，小摘为情亲"⑥，倾其所有盛情款待。

杜甫到成都住在自己造的草堂之后，整日用素菜草草果腹，过着"百年粗粝腐儒餐"（《宾至》）的日子。《过客相寻》中描述了杜甫接待客人的场景："穷老真无事，江山已定居。地幽忘盥栉，客至罢琴书。挂壁移筐果，呼儿问煮鱼。时闻系舟楫，及此问吾庐。"如此场景与民间传说中他煮五柳鱼宴客的场景有相似之处。

相传某日，杜甫听闻一位好友将登门拜访，喜出望外。朋

---

① 《茅堂检校收稻二首》。

② 秋葵指的不是今天长得像辣椒的秋葵。古代的秋葵又称为冬苋菜或者滑菜，是一种绿叶蔬菜。

③ 秋葵光滑有饱腹感，稻米软糯大小均匀。

④ 精凿：脱壳的米；白粲：白米。

⑤ 《行官张望补稻畦水归》。

⑥ 《有客》，自己舍不得吃好菜，给朋友多少摘点。

友到访当天，他与朋友吟诗作赋，聊得兴起，不知不觉就到了中午。但匆忙间没有准备午饭，在他正在发愁如何招待朋友时，家人从浣花溪里钓上一条鱼来。杜甫大喜，亲自下厨，走到灶前烹制起鱼来。朋友对于他亲自下厨表示惊奇，甚至有些怀疑。但等鱼端上来的时候，腌制过的鲤鱼混着当地的酱料烧熟，四川风味的辣椒与其他辅料、汤汁完美结合，均匀地淋在鱼背上，其余辅料切成丝，覆盖在鱼背上，焦色的鱼皮上更多了几分色彩，尝一口，咸鲜中带着微甜。客人大快朵颐，不多时就吃得干干净净。客人吃得连连叫好，吃完了，才想起来问这道菜的菜名。杜甫说："这鱼背上覆盖的辅料切丝很像柳叶，就叫五柳鱼吧。"由此，五柳鱼这一菜名就这样流传于世。今天的五柳鱼，先在鱼上切花刀，连同拍破的葱、姜和料酒、盐放入开水锅中，以文火煮至熟透盛盘。把炒勺烧热注油，下入葱丝、姜丝、蒜和冬菇丝、辣椒丝，稍炒后将汤倒入，再加糖、醋等作料，并以湿淀粉勾芡，加热油均匀地浇在鱼上。经过厨师的不断改进，口味鲜、香、甜、辣，成为一道四川名菜，受多地人士喜爱。

但这个故事有些不对头。"椒"最早指的是花椒及其近缘种，它们的果皮具有辛辣味道和香气，在中国很早就用作调味品了，屈原的《离骚》中就有佩戴椒的记载。但辣椒是从美洲传来的，1493 年，从美洲回航的哥伦布船队首次把辣椒带到旧大陆。在清代的地方志中，浙江的地方志最早记载辣椒，这强烈暗示辣椒最早是通过海路先传入浙江，再从浙江传入其他地区的。湖南、四川两地普遍食用辣椒是 19 世纪的事情，以辣椒调味为特色的湘菜和川菜菜系才最终形成。因此，中国人广泛吃辣的历史其实只有两百多年。杜甫用土法烹调鱼是可能的，但绝不是今天的辣口味。

冷淘和乳酒

还有一件事情，可能和杜甫这一段时间的隐居有关。众所周知，古代缺乏制冷设施，炎炎夏日中，辛苦劳作一天的人们多苦于酷暑，胃口不开。这时就需要冷食，特别是凉面，既清凉解暑，又能够填饱肚子。在古代，凉面叫冷淘。杜甫专门赋诗描写赞美这一款面食——槐叶冷淘。"槐叶冷淘"始于中国的唐代，这是一种凉食，以面与槐叶水等调和，切成条、丝等形状，煮熟，用凉水冰过后食用。唐代制度规定，夏日朝会燕飨，皇家御厨太官所供应给官员的一系列食物中，就有这道美味，可见原为宫廷食品。随着时间的推移，宫廷食品逐渐传入市肆民间，并将用槐叶与面粉合制，改"槐叶冷淘"为翡翠面，成为城乡人民的盛夏消暑美味。

在《槐叶冷淘》诗中，杜甫写道："青青高槐叶，采掇付

中厨。新面来近市，汁滓宛相俱。"先是描述了凉面的制作过
程，从高大的槐树上采摘下叶子送到厨房，从附近的街市买来
新鲜的面粉，槐叶汁加入清水和面，调和在一起。"入鼎资过熟，
加餐愁欲无。碧鲜俱照箸，香饭兼苞芦。经齿冷于雪，劝人投
比珠"，然后放入食具中做熟，杜甫对食物的味道大加赞扬——
食用后忘记了忧愁，冷面翠绿的颜色使筷子生光，兼有香饭和
芦笋的美味。嚼在口中比雪还清凉，请人品尝如同以珠相赠，
此等美味就连君王也必当乐于享用。到了宋代，冷淘吃法仍见
于典籍，"大凡食店，……则有……桐皮面、姜泼刀、回刀、
冷淘、棋子、寄炉面饭之类""正月十五日元宵……奇术异能，
歌舞百戏……赵野人，倒吃冷淘"①。冷淘中常加"香菜茵陈之
类"。杜甫吃到的冷淘用的是槐叶，这应是当时巴蜀地区的一
种风俗。也有学者认为这当与槐是阴树的观念有关。槐为北
方冬季之树，在药物学上它确具凉降之性。槐叶、槐花性寒凉，
有凉血止血的作用，对热症有效。杜甫就感到槐叶冷淘"经
齿冷于雪"，还说："万里露寒殿，开冰清玉壶。君王纳凉晚，
此味亦时须。"阴寒之性的槐叶加剧了冷汤面的寒凉之性。后
来，南宋美食家林洪在《山家清供》一书中也介绍了槐叶淘，
用夏天所采的槐树上的嫩叶，氽成汁，与醋、酱做的腌菜一

———————————

① 《东京梦华录》卷四，卷六。

起拌面吃。这样的美食不仅是夏天的消暑美味，更有食疗食补的作用。再之后还有柑菊冷槐、水花冷槐等。如今，四川仍保留着以植物滋汁制作面条的方法，如清波面，色泽碧绿，味道鲜美。吃时调配上葱花、蒜泥、辣酱、豆芽等，其味凉爽，食之味美。

四川除了鱼种类众多外，酒也闻名天下。喜好饮酒的杜甫，自然少不了对川酒的描述与称赞。他到达巴蜀地区时，好朋友严武给他送去了青城山道士乳酒，杜甫作《谢严中丞送青城山道士乳酒一瓶》表示感谢，诗云："山瓶乳酒下青云，气味浓香幸见分。鸣鞭走送怜渔父，洗盏开尝对马军。"此诗为致谢友人严武送酒而作。渔父，是杜甫自谓。马军，即来送酒的人。古人挤下的兽奶一时吃不完，保管不善易发酵，受到自然界的微生物发酵，和含糖的野果相似，产生了乳酒。人们偶然尝了这种酒，觉得味道很好，就有意识地模仿着酿造起来，这就是最早的乳酒了。所以有人认为新石器时代原始畜牧业发展起来以后，可能就有了乳酒。《礼记·礼运》中提到的"醴酪"，就是乳酒，至于是什么样的动物奶，说不清楚。也有说汉代丝绸之路开创以后，蒲桃（葡萄）酒从西域传来。唐朝经营西域，从高昌那里收马乳蒲桃，种在皇家苑囿，并学习了他的造酒法，有所损益，为皇室服务。酒成，芳香酷烈，老少皆宜，唐代皇帝颁赐群臣，京师皆识其味，流传开来。这里是青城山道士 ① 做的，应是在旧法基础上改良的品种。杜甫非常性急，送酒来的马军还没走，他闻见酒香就迫不及待"洗盏开尝"。至今，青城山还有根据道家秘方酿出的洞天乳酒和青城乳酒，酒精含量不高，味道很好。

杜甫吃鱼

永泰元年（765），严武突患疾病，死于成都，时年39岁。朝廷追赠尚书左仆射。杜甫伤心至极。严武去世之后，他对巴蜀地区无所依恋，携家人沿长江东下。此时的杜甫经历长年漂泊与贫苦生活后，身体大不如前。晚年的他在夔州过着寄人篱下的生活，写下"家家养乌鬼，顿顿食黄鱼" ② 记录当地风俗以排遣心中苦闷。这里诗中的"乌鬼"便是鸬鹚，鸬鹚又名鱼鹰，从诗中描述以及别名上可以看出，鸬鹚是捕鱼高手。鸬鹚有很多种，是大型的食鱼游禽，善于潜水，潜水后羽毛湿透，需张开双翅在阳光下晒干后才能飞翔。它们的嘴巴坚硬而长，锥状，适于啄鱼，下喉有小囊。它们栖息于海滨、湖沼中，飞时颈和脚均伸直。它们常被人驯化在喉部系绳，捕到鱼后，强行吐出。

---

① 青城派发源于四川省都江堰市青城山。青城山是道家仙境，被列入《世界遗产名录》。
② 《戏作俳谐体遣闷二首》。

鸬鹚在中国南方是较普遍和常见的，至今在中国很多地区，仍有人驯养鸬鹚捕鱼。由于被长期大量捕捉和环境破坏，野生鸬鹚已变得很稀少。杜甫的时代，鸬鹚成为许多渔民谋生的工具。杜甫观渔人捕鱼时写下"绵州江水之东津，鲂鱼①鲅鲅②色胜银。渔人漾舟沈（沉）大网，截江一拥数百鳞"③。

　　杜甫笔下对鱼的描写多种多样，相关的诗作有 20 多首，经统计有"鲤鱼""鲈鱼""白鱼""鲫鱼""长鱼""黄鱼""白小""素鳞"等。其中，他对于白小的描写十分生动有趣："白小群分命，天然二寸鱼。细微沾水族，风俗当园蔬。"④白小就是银鱼，这样一种野生小鱼，在湖南被称为嫩子鱼，四川也有。在今天，白小已经成为一道名菜了，叫作"火焙嫩子鱼"。火焙鱼是将小鱼去掉内脏，用锅子在火上焙干，冷却后，以谷壳、花生壳、橘子皮、木屑等熏烘而成的鱼。这种鱼不仅好吃，也便于携带和久藏。

杜甫的情怀

　　颠沛流离中的杜甫，困扰于唐王朝形势的持续恶化、旧交

---

① 鲂鱼体扁平，椭圆形，侧扁而高。
② 即《诗·国风·硕人》"鳣鲔发发"之"发发"，活跃貌，一说众多貌。
③ 《观打鱼歌》。
④ 《白小》。

凋零和健康的日益恶化，在诗作中频频回忆曾经的人生道路、唐帝国的由盛转衰，缅怀朋友和先人，"浮生难去食，良会惜清晨"①。根据统计，杜诗共有 1400 多首，其中超过 400 首涉及饮食描写，而在杜甫草堂时期对于饮食诗的描写尤为充实、丰富。涉及的题材种类也非常广泛，有对蜀酒和鱼的细致观察，有对达官贵族豪华生活的想象与批判，还有对那些从前不被诗人齿及的平凡之物的描写。这些诗作不仅仅是杜甫对个人生活以及唐朝饮食文化的珍贵记录，更是诗歌艺术的精品和杜甫个人情感的寄托。

这些奇闻逸事虚虚实实，有的是诗歌的演绎和想象，但更多的是出于日常记录中的归纳整理，从中可以看到杜甫在巴蜀、湘潭等地暂居时对于日常生活事物的关注，题材视角更丰富，由匡扶天下的雄伟之志，逐渐转向了在平凡生活中依旧心系黎民苍生。真切而平实的叙述中，蕴含着深刻的道理，彰显了伟大的人格。

首先他表达的是对安定太平的珍视。对于刚刚经历过战乱、流离失所的杜甫来说，成都草堂是他少有的安定时光，那些别人不屑一顾的粗茶淡饭和琐碎生活是他在朋友、邻里的帮助下享受到的闲适人生。其中，酒是杜甫在实现"自锄稀菜甲"的

---

① 《赠王二十四侍御契四十韵》。

劳作过后可以享受的美味。杜甫素爱喝酒，在到成都之后收到
好友严武和邻居赠予的美酒。在幽静的林中草堂，能坐在苍苔
之上独酌美酒，享受自然的山水风光，自有一番悠然自得的韵
味。其中还有自食其力的快乐。当然，田园生活的大部分时间
还是要自己耕种、采摘来维持生计的。安定之余，杜甫也要务农、
种植草药，自给自足。在秦州，他想象的是"瘦地翻宜粟，阳
坡可种瓜"，但在入蜀的路上正逢天寒地冻之时，又无充饥之食，
就只能空手而归。定居草堂之后，他对平凡的事物饱含真挚的
喜爱，对所获无不备加珍视。

感人至深的是杜甫忧国忧民的伟大情怀。在杜诗中出现
得最频繁的食物意象，是与普通百姓温饱生活关系最密切的。
"米""稻""谷""黍""粟"等粮食作物，也是唐代民生的缩影。
在逃亡路上，他是万千难民中的一员，从前他的诗写给达官贵
人，为辅佐君王的政治理想，或为求助，或答谢好友，咏凤凰
述鸿鹄之志；但现在他写食物，写破茅屋，想的是"浮瓜供老病"
（《信行远修水筒》），是"大庇天下寒士俱欢颜"（《茅屋为秋风
所破歌》）。

食物在杜甫的诗作中占据很重要的位置，他让我们看到他
常年流落四方、靠人接济为生的贫困艰苦，定居之后安贫乐道
的闲适美好，和他从一个天之骄子逐渐走进平民生活后对现实
的关注。他始终对天下黎民坚守着一位儒士的道德感。无论是

对"稻米""美酒""江鱼"的实写，还是对"佳宴"的泛写和想象，折射的都是一位伟大诗人精神世界的高度——接受平凡低入尘埃后，仍胸怀天下，一心济时拯世的圣者境界。杜甫是一个细致地用诗歌记录一切的人。这是他的伟大之处。

第八章

胡食・唐玄宗・盛世

在连续剧《长安十二时辰》中，有很多美食让人垂涎欲滴：汤饼、胡饼、火晶柿子……这些食物配合精美的服饰与合理的情节，高度还原了千年前唐朝首都长安一天的景象，让观众仿佛身临其境，感受到盛唐时节多元文化兼容并包的繁盛景象。

　　"忆昔开元全盛日，小邑犹藏万家室。稻米流脂粟米白，公私仓廪俱丰实"，这是杜甫名作《忆昔二首》第二首中的名句。广德二年（764），杜甫忆昔，其实是讽今，忆的是唐玄宗时的开元盛世，鼓舞代宗应恢复往日繁荣。即使是小县城也有很多户人家聚居于此，稻米、粟米都久放变白了，粮食富足，仓廪俱实，公家的盘剥不严重……杜甫的《忆昔二首》让我们看到，一个王朝的强盛不完全等于军事震慑、帝王威严，更是人民富足、政治开明所带来的安全感和文化自信，由此对外开展大规模的经济、文化交流。《资治通鉴》唐玄宗开元二十八年载："是岁，天下县千五百七十三，户八百四十一万二千八百七十一，口四千八百一十四万三千六百九。"这样的鼎盛，显示了开元气象。

唐代饮食文化非常发达，宫廷饮食制度已经十分成熟和完备。《唐六典》中有记载内官设尚食局，内有"尚食二人，正五品；司膳四人，正六品；典膳四人，正七品；掌膳四人，正八品。司酝二人，正六品；典酝二人，正七品；掌酝二人，正八品。司药二人，正六品；典药二人，正七品；掌药二人，正八品。司饎二人，正六品；典饎二人，正七品；掌饎二人，正八品"。这些是由《周礼》所提到的膳夫、庖人等职务逐渐演变而来的。尚食专门负责准备皇帝膳食，"凡进食，先尝之"，他们也有尝食的责任。后期，唐玄宗饮食逐渐奢靡，王公大臣投其所好，争相进献水陆珍馐，所以李白说"玉盘珍羞（馐）直（值）万钱"（《行路难》）。宫廷饮食制度的成熟之外，从其宴饮的阵仗也可见盛唐景象。

琳琅满目的胡食

著名学者向达先生在《唐代长安与西域文明》中写道："第七世纪以降之长安，几乎为一国际的都会，各种人民，各种宗教，无不可于长安得之……异族入居长安者多，于是长安胡化盛极一时，此种胡化大率为西域风之好尚：服饰、饮食、宫室、乐舞、绘画，竞事纷泊；其极社会各方面，隐约皆有所化，好之者盖不仅帝王及一二贵戚达官已也。"出土的章怀太子墓东壁的

《客使图》中，共有六位人物，前三人为唐朝鸿胪寺官员，后三位为使者，其中第四人，光头、浓眉毛、深目高鼻、阔嘴、方脸，此人应是拂菻国（东罗马）的使节。第五人头戴骨苏冠，冠前方涂朱红色，两旁涂绿色，双带系于颔下，学者多认定这位使者应为新罗人。第六人头戴皮帽，圆领，无须髯，身穿圆领灰大氅，皮毛裤，黄皮靴，腰系黑带，应是来自我国古代东北少数民族地区的室韦族或靺鞨族使者。章怀太子李贤死在他母亲武则天手里，后来武则天死后，李贤改葬，这可能是有少数民族和外国使者参与的场景。胡俗在唐极其盛行，在饮食交流中，"胡食"西来是盛唐时期最为典型的标志，而开元盛世的帝王——唐玄宗，对于西域口味的饮食尤为喜爱。

胡食的传入对华夏饮食来说是大事件。《旧唐书·舆服志》记载，开元年间以来，朝廷太常乐尚胡曲，"贵人御馔，尽供胡食，士女皆竞衣胡服"。这里提到的"胡食"，就是西北少数民族的风味美食。开元年间，胡风在宫廷间的兴盛也非一朝一夕而成。魏晋南北朝时期民族融合，大量少数民族内迁，中原人民对于异域风情有了一定的了解。隋初社会安定，政权逐渐有能力辐射不同地区和少数民族，西域诸国以朝贡的方式，把土产引入上层社会。

在如此丰富的宫廷饮食中，胡食仍占有一席之地，颇得皇室贵族的欢心，可见来自五湖四海的庖厨对此精密、本土化的

唐代西域的点心，吐鲁番阿斯塔那唐墓出土

研制和基于本身异域风味的发展。作为一种异域新奇的饮食文化，胡食在宫廷流行后就纷纷被贵戚效仿。不仅仅是唐玄宗爱胡食，胡食的普及与流行是自上而下的，由宫墙内到宫墙外，再到市坊之间，成为全民普遍喜爱的美食。

在胡食的传播中，长安人接受了炙烤兽肉的方法，加入不同的调料丰富原有食材的本味，具有胡风的烤炙方法和中原特色的蒸煮文化共存于唐人的菜谱中。随之而来的还有胡舞、乐器和食器，它们出现在大街小巷，给长安文化注入新的活力和生命力。

"胡饼"，又称麻饼、烧饼、炉饼，是西域人民经常食用的典型胡食，也是唐玄宗餐桌上必不可少的主食。唐代时主要称作"胡麻饼"，"炉饼"是宋朝时的创新品和新叫法。

"胡饼"长什么样呢？跟今天人们喜闻乐见的馕差不多，有的还带馅。汉代控制西域后，引进了芝麻、胡桃，为饼类制作增添了可口的辅料，以胡桃仁为馅的圆形饼，被称为"胡饼"。在东汉刘熙的《释名·释饮食》中有："饼，并也，溲面使合并也。"溲，是指用水浸湿，也就是把麦面加水和成面糊。唐代白居易的诗句对此有细致的描写，《寄胡饼与杨万州》中写道："胡麻饼样学京都，面脆油香新出炉。寄与饥馋杨大使，尝看得似辅兴无。"白居易很会开玩笑，说新学的做法，又香又脆，给朋友杨大使尝尝，你有没有兴趣呢？据此可以推测出"胡饼"以面粉为原料，制作时涂抹适当的油，撒上芝麻，在炉内烘烤而成，中间也可以加馅。

"胡饼"作为胡人的日常饮食，早在西汉时期就传入中原。汉武帝时期，张骞通西域，开辟了丝绸之路，使中原与西亚地区经济、文化方面的交流日益密切。《后汉书·五行志》记载："灵帝好胡服、胡床、胡坐、胡帐、胡饭、胡空侯（箜篌）、胡笛、胡舞，京都贵戚皆竞为之。"其中，胡饼也是汉灵帝十分喜爱的西域地区特产之一。《太平御览》卷八百六十引《续汉书》记载："灵帝好胡饼，京师皆食胡饼。"这只是一个说法，是否东汉末期的乱世真如此？有这种可能。因为不仅仅是皇帝爱吃胡饼，在汉末也有百姓品尝到了这种美食，民间贩饼逐渐兴起。《艺文类聚》卷七十二引《三辅决录》曰："赵岐避难至北海，于市中贩胡饼，孙嵩乘辇车入市，见岐，疑非常人。……乃开车后，载还家。"类似的说法在正史里也有。《后汉书·吴延史卢赵列传》："岐遂逃难四方，江淮海岱，靡所不历，自匿姓名，卖饼北海市中。时安丘孙嵩年二十余，游市见岐，察非常人，停车呼与共载。……嵩先入白母曰：'出行，乃得死友。'迎入上堂，飨

清平调图（局部），清代苏六朋画

之极欢。藏岐复壁中数年。"后汉桓帝时，赵岐因得罪宦党，避祸逃走，漂流四方，后来在北海市上卖饼为生。当时安丘人孙嵩（字宾石）遇见赵岐，看出他不是平常百姓，于是请他上车，两人交谈，孙嵩即将赵岐带回家，对母亲说："我出门，遇见了生死相交的朋友。"即欢宴赵岐，将赵岐藏在夹壁墙中有好几年。这个就是卖饼北海的典故。

魏晋以后，"胡饼"有了更广泛的传播，与不同民族的美食文化有了更深度的结合，名称也有一些变化。比如十六国

时期的后赵石勒、石虎时，为了提高羯族人的地位，改掉了"胡"的称谓，叫"胡饼"为"抟炉""麻饼"。胡饼在唐朝时期还进行了一次"升级"，叫"古楼子"。《唐语林》卷六记载："时豪家食次，起羊肉一斤，层布于巨胡饼，隔中以椒、豉，润以酥入炉，迫之，候肉半熟，食之，呼为'古楼子'。"庖厨把一层层的羊肉铺进胡饼中，浸润椒豉，用酥油烘烤，在炉子里炕热。这火候也有讲究，须得是慢火烘焙，熟时拿出来食用。

李隆基与胡食

如此美味的"古楼子"，唐玄宗是否吃过，在史料中没有明确记载。但胡饼在他患难时救过他的命却有据可考。李隆基（685—762）听信宦官监军的谗言，杀掉了正确采取坚壁清野战法的大将高仙芝和封长清，使得潼关失去了屏障长安的作用。之后李隆基又派上了年纪的哥舒翰统领潼关的军队拒敌，哥舒翰正确判断了双方的形势，也认为坚守不出才是御敌之策，唐玄宗对他们也失去了耐心，而且奸相杨国忠又鼓动玄宗下圣旨强迫哥舒翰出战，哥舒翰不得已带兵出战，最后果然大败，自己也被手下绑赴敌营。后来长安沦陷，唐玄宗仓皇出逃，到咸阳的时候只得食用杨国忠进献的胡饼，而民众奉上的食品也都是粗糙之食，只能用手掬着进食。《资治通鉴》卷二百一十八记载："食时，至咸阳望贤宫，洛卿与县令俱逃，中使征召，吏民莫有应者。日向中，上犹未食，杨国忠自市胡饼以献。"史料中所描绘的惨状和狼狈，不敢想象是帝王所能接受的，这时候能吃到胡饼也是万幸。

在慧琳的《一切经音义》中写道："胡食者，即饆饠（bì luó）、烧饼、胡饼、搭纳等是。"可见主食除了胡饼，还有抓饭一类的胡食为唐人所喜爱。烧饼和胡饼也同样都是自西域胡人传入中原的食品，制作方式也都是烘烤。但二者间有差异。在《齐民要术·饼法》的记载中，烧饼是用一斗面、两斤羊肉和葱白为原料，把羊肉用葱爆熟后加入豉汁和盐，面是要发酵过的。"胡饼"通过丝绸之路传入中原，从受商旅行人喜爱的便携充饥之物，到王公贵族喜爱的异域美食，最终成为受百姓喜爱的日常饮食之一。

在盛唐前期，天子可不仅仅是吃胡饼。相比之下，唐玄宗更喜欢吃肉，胡饼只不过是副食。众多肉类食品中，他尤其爱吃羊肉、野猪肉、鹿肉。这些肉除了由宫廷采购和地方朝贡，更是可以由狩猎而得，因此唐玄宗常常通过亲自打猎获取食材。对于唐玄宗打猎的记载十分丰富。一是《太平广记》引张怀瓘《画断》记载了画家韦无忝对唐玄宗狩猎场景的写生。韦无忝因擅画马和奇异的野兽而闻名。在玄宗狩猎后画出"一箭中两野猪"，令玄宗十分满意。二是在张读所著唐代传奇小说集《宣室志·唐玄宗》中记载的内容，开元二十三年（735）秋天，唐玄宗在咸阳原狩猎，

"有大鹿兴于前戄然其躯，颇异于常者。上命弓射之，一发而中。及驾还，乃敕厨吏炙"。唐玄宗在狩猎过程中看到一头巨鹿，命人取来弓箭，一箭致命。遂即让厨师炙烤鹿肉。先打猎再吃烧烤，此等趣味与日常饮食有很大不同。想必天子也会更享受这种"自己动手，丰衣足食"的快乐，鹿肉吃起来更香。

　　唐玄宗与肉之间的故事还不止于此。王朝兴衰与饮食风格的密切联系，让历代贤明君主都尤为注重饮食节俭的好习惯。在唐李德裕所撰笔记《次柳氏旧闻》中记载，太子李亨陪父亲吃饭，御膳房弄来一盆胡饼，一只烤羊腿。李亨用小刀割羊肉，弄得刀上都是油。之后，他取来胡饼把刀擦干净后，就把胡饼吃掉了。唐玄宗对于太子知道爱惜食物感到十分满意。对于儿子节俭的赞赏，和"一骑红尘妃子笑，无人知是荔枝来"（杜牧《过华清宫绝句三首·其一》）以博得美人欢心，有很大不同。而这次进膳中，李隆基父子没有使用筷子夹菜，而是用刀割肉食肉，餐桌上的饮食方式更具胡风，在儒雅斯文之外更多几分豪迈。故事中的烤羊腿被称为"羊臂臑"，"臑"读 nào，是牲畜前肢的下半截。这种烤羊腿炙烤的位置是羊前腿，多为精肉和脆骨，有嚼劲，口感极佳。在烤架上烘烤的过程中刷上油，食材自身的油脂也不断往外渗，外焦里嫩，香气扑鼻。就着胡饼食用起来口感饱满，也不会油腻，实为唐玄宗最爱的吃法之一。从中我们也能看出李亨在父亲面前的小心翼翼。李亨虽然被立为太子，却如履薄冰，父亲李隆基在武惠妃的诬陷之下杀了三个皇子，是他的前车之鉴。后来安史之乱爆发，李亨一不做二不休，趁着手中有兵权索性称帝，平定叛乱以后，父子关系越来越紧张，也有人说唐玄宗死在儿子李亨的手里。

此外唐玄宗对于肉食的制作方法并不拘泥于御膳房庖厨的手艺，自己也有些创新花样。在唐代卢言的《卢氏杂说》中，玄宗命人射鲜鹿，取血煎鹿肠，称它为热洛河。鹿血煎鹿肠的食材及制作方式，补肾强劲，唐玄宗对自己的创新十分得意，赏赐给安禄山等人。除此之外，在唐代段成式创作的笔记小说集《酉阳杂俎·忠志》中，记录了唐玄宗赐给安禄山的其他物品，包括一些菜肴原料及菜品：阔尾羊窟利、辽泽野鸡等，可见皇帝赐食臣下时对于肉食野味的偏爱。

长安酒肆

唐人喜饮酒，市坊间的酒肆也很多，有李白《将进酒》的"烹羊宰牛且为乐，会须一饮三百杯"，也有《少年行二首》写实的"五陵年少金市东……笑入胡姬酒肆中"。西域传入中原的酒类有葡萄酒、三勒浆等。贞观十四年（640），唐平定高昌后，马乳葡萄酒传入。在《册府元龟》卷九百七十《外臣部朝贡三》中记载"得其酒法，帝自损益，造酒成，凡有八色，芳辛酷烈，味兼缇盎，既颁布赐群臣，京师始识其味"。除葡萄酒外还有其他众多品类，它们从西域波斯传入中原，在发达的商品经济下走入市坊间，成为人人得以享用的美味。

大口喝酒、大口吃肉是当时唐人特有的豪气。唐玄宗在青年时期也不例外。《唐语林》卷四中有这样一则故事：李隆基曾在潞州（今山西长治一带）任职，要进京师朝觐。暮春时节与长安的豪门子弟在昆明池游玩。李隆基身着戎服，架鹰于臂，惹得众豪门子弟不快。一少年让众人自报家门，看其"门族官品"。当李隆基说完之后，众人震惊，不敢再看。随即李隆基连喝三杯酒，吃了一个"巨馅"，骑马离去。这样大口吃肉、大口喝酒、身着胡服的做派，尽显一代帝王年少时期的英豪与粗犷。在此事之后的三个月内，宫廷政变后，李隆基走进了皇权统治的核心，开创了开元盛世。

长安酒肆也多是胡人所开，胡人中的美女——胡姬也是最为亮眼的，因此"酒家胡"又有"胡姬酒肆"的说法。在贺朝的《赠酒店胡姬》中："胡姬春酒店，弦管夜锵锵……玉盘初鲙鲤，金鼎正烹羊。上客无劳散，听歌乐世娘。"可以想见，胡人抓住了商机，在开办酒肆之后从家乡雇能歌善舞的异域美女，以鱼、羊和其他胡食作为下酒菜。街道上飘满酒的香气，酒肆间貌美如花的胡姬招一招手，跳一曲舞，赏心悦目，还能品尝到正宗的胡酒和美食，真是人间一大享受。陈寅恪先生认为元

积的《莺莺传》、后来王实甫《西厢记》里的崔莺莺就是当时的
酒家胡姬，崔莺莺是"曹九九"，身份是"酒家胡"。著名的《琵
琶行》的主角，其"自言本是京城女"一段，自诉身世，凄婉
动人。陈先生引李肇《国史补》"虾蟆陵"，即汉董仲舒墓之"下
马陵"，推断琵琶女之身份是长安故倡（娼），其幼年家居虾蟆陵，
似本为酒家女。"自汉以来，旅居华夏之中亚胡人，颇以善酿著
称，而吾国中古杰出之乐工亦多为西域胡种。则此长安故倡，
既居名酒之产区，复具琵琶之绝艺，岂即所谓酒家胡者耶？"①
陈先生认为，中国产美酒之地多是中亚胡族聚居之地，比如长
安西市。当炉卖酒的女子，多是胡族美女。她们有着姣好的面
容与优美的舞姿，聚集于长安西市及城东自春明门至曲江池一
带的歌楼酒肆之中。白居易笔下的琵琶女，元稹笔下的崔莺莺，
陈先生认为有可能是这种人。日本学者吉田丰则根据一件粟特
买婢契文认为，长安市上那些装扮入时的酒家胡女，多是丝绸
之路上被粟特商人贩卖到中国来的女奴。李贺的《龙夜吟》说：
"卷发胡儿眼睛绿，高楼夜静吹横竹。一声似向天上来，月下美
人望乡哭。"看似光鲜的胡女背过身去也有许多泪水。

　　在胡饼和胡酒之外，许多蔬菜瓜果也来自西域，比如黄瓜、

---

①　陈寅恪：《元白诗笺证稿》，《陈寅恪集》，生活·读书·新知三联书店，2001
年，第58—59页。

茄子、苜蓿、莴苣、葡萄、扁桃、波斯枣等。西域调味品的引
入也让中原食物的风味更为新奇、多元。砂糖、胡椒、胡芹等
调味制品经过不同的加工，成为在追求本味和清鲜之外的独特
享受，让食物芬芳辛烈，酸甜苦辣咸兼具。

　　唐玄宗与胡饼、羊肉、胡酒的故事，让我们看到盛唐时胡
食、胡风在王公贵族阶层的渗透，及由上而下对不同阶层产生
的影响。无论是在百姓日常的餐桌之上，还是市坊酒家的厨房
里，西域地区的食材、制作方式和中原的蒸煮方式、饮食文化，
随着传入时间的延展和地域的扩大有了更深层次的融合，来自
广阔天地的粗犷和豪迈不仅反映在一代帝王的饮食谈笑、举箸

唐代胡服女俑

酌酒间，也反映在文人墨客的百部诗篇中。

胡汉文化的交流离不开唐代时期的强盛与开放，唐代也是饮食文化发展的关键时期。胡风与中原文化的深度结合体现在各个阶层、不同地域，不仅仅是饮食，还有艺术文化、宗教思想等不同方面。可以想见，随着唐朝的日益强盛，汉代的"丝绸之路"迎来了新的复兴，难以计数的各地使节、留学生、艺术家、商人和旅者，不畏艰难，潮水般地进入大唐帝国，带来了丰富多彩的物质文明和精神文明。胡食仅仅是其中一种，那些具有异域特色的物质、精神财产在各地居民的改造中，在时间的洗涤和更广泛的传播中，综合吸收了不同的地域特征和

习俗，演变成了这样一个兼容并包时代的独特元素。

一个国家和文明的强盛，从来不是倚仗武力和威严，让民众臣服；也不是用一系列制裁手段和胁迫，获得不同民族的畏惧和妥协。强盛源于富足的物质基础，让人们有足够的自信，拥有文化的包容度，认可国家行为的正义性。胡食在唐代的传播、融合植根于这样的沃土。而这片沃土是中华文明生生不息、现代中国坚守大国担当最坚实的根基。

唐代女俑

第九章

蚝·苏轼·文臣

2020年9月1日—10月30日，故宫博物院文华殿举办了"千古风流人物：故宫博物院藏苏轼主题书画特展"，引起了社会的广泛关注，观众络绎不绝，都来瞻仰苏轼这位文化巨人的墨宝。其中一件有趣的文物，吸引了人们的眼球。《晚香堂苏帖》是明代的拓本，其中苏轼书《献蚝帖》册是一件行书作品，用笔丰腴，错落有致，灵动率真。古人命名手札，往往用的是文本前几个字，这个帖名就很有意思，吃货苏轼先生又发现了大宝藏：生蚝。《献蚝帖》册原件，是苏轼于元符二年（1099）在儋州（今

东坡笠屐图，明代钱谷画

海南儋州市）写的。这一年距离苏轼的死，只有两年。

生蚝真好吃

苏轼（1037—1101）在被贬海南后所作的《献蚝帖》中谈及海南盛产生蚝，可煮可炙烤，十分美味："己卯冬至前二日，海蛮（献）蠔（蚝），剖之得数升肉，与浆入水，与酒并煮，食之（甚）美，未始有也。"意思不难懂。苏学士说，冬至前两天，生蚝正肥的时候，当地人①送来了生蚝，我把这些生蚝剥出来几升肉，然后带着浆放到水里，加入酒一起煮熟，那吃起来真是好吃啊，我之前都没吃到过这样的美味。这里的酒苏轼没说是什么酒，应该是当地的土酒。酒能去除海鲜的腥气，并且在食物中催生一系列复杂的化学反应，是很好的调味品。苏轼啥都吃过，让他说出"食之甚美，未始有也"并不容易。

这只是吃法之一，还有另外的吃法："又取其大者，炙熟，正尔啖嚼，（又益于）煮者。"这是说把个头大的挑出来烤熟了吃，比煮着吃还要美味。这应该不是他的创造，而是海南长久以来的简便吃法。苏大学士为了这事煞有介事，吃货本质暴露无遗。然而，这还不是重点，接下来最让人莞尔的是，他一本正经地

———————————

① 他称之为"海蛮"。

叮嘱孩子别跟别人说："（每）戒过子慎勿说，（乃）恐北方君子闻之，争欲为东坡所为，求谪海南，（分）我此美也。"苏轼要求儿子"慎勿说"：你可千万不要把生蚝的事情说出去，要是这个秘密被透露了，那些"北方君子"听说这里有这么好吃的东西，就争着让朝廷把他们贬到海南来，跟我抢生蚝吃。在他笔下，仿佛贬谪海南不是什么逆境，反而是有吃有喝的天堂。苦中作乐，天真烂漫的苏轼，怪不得被人们喜爱，由此可见一斑。

蚝是牡蛎的肉，老百姓俗称海蛎子，属软体动物门，是世界上第一大养殖贝类，是人类可利用的重要海洋生物资源之一。牡蛎不仅肉鲜味美、营养丰富，而且含锌量很高，具有独特的保健功能和药用价值。古今医生均认为牡蛎有治虚弱、解丹毒、破除肿块、滋阴壮阳的功能。其肉与壳均可入药，壳需研磨后先煎①。

《太平广记》卷四百六十五引唐人刘恂的《岭表录异》，对蚝的生长与烹饪有精确记载："蚝即牡蛎也，其初生海岛边，如拳石。"牡蛎附着于海边的石头生长，如同拳头大小。"每一房（牡蛎壳）内，蚝肉一片。随其所生前后，大小不等。"牡蛎壳坚硬，肉嫩滑多汁。"每潮来，诸蚝皆开房，伺虫蚁入，即合之。"

---

① 贝壳和金石类都是先煎，保证充分溶解在药汁中。一般中医用来软坚散结，常与生龙骨一起用，有安神作用。龙骨牡蛎是滋补类药物，煎的时间都比较长，煎之前需要多泡一会儿。

它打开壳，让虫蚁进来，以之为食。"海夷卢亭①者以斧楔取壳，烧以烈火，蚝即启（开）房。"打开蚝壳可不是一件容易的事，需要锐利之物，或刀或斧，从牡蛎壳的缝隙处打开，古人采取火烤的方式让牡蛎开壳。"挑取其肉，贮以小竹筐，赴虚（墟）市（赶集）。"古人拿蚝肉换米和其他生活物资。"蚝肉大者腌为炙，小者炒食。肉中有滋味，食之即甚壅肠胃。"蚝肉可烤着吃，也可炒着吃，口感好，人们就会多吃，这样海鲜的寒凉之气会伤了肠胃，所以造成壅滞。这样的情境，苏轼应该再熟悉不过了。在食蚝故事里展露的黑色幽默，使苏轼无意间成为不折不扣的食蚝代言人。

明代学者陆树声《清暑笔谈》也提及这个故事，道出了苏轼幽默背后的泪水："东坡在海南，食蚝而美，贻书叔党（苏过字叔党）曰：无令中朝士大夫知，恐争谋南徙，以分此味。使士大夫而乐南徙，则忌公者不令公此行矣。或谓东坡此言，以贤君子望人。"他说，如果士大夫真的都喜欢到海南来，都乐意往南迁徙，让士大夫们以南迁为乐，那么，那些忌恨、排挤苏东坡的人就不会让他到海南去了，因为海南是个好地方，不能折磨人。陆树声认为苏东坡写这种话，是用贤明君子的风度看待

---

① 这一族人相传半人半鱼，据说是东晋时期农民起义军领袖卢循遗种，是珠三角地区的老居民。

别人。但事实不是这样，一堆人想把苏轼弄死。

苏轼名垂青史，但一生颠沛流离。他在黄州、惠州使东坡肉和荔枝名满天下，在海南，他又让北方人不熟悉的生蚝进入公众的视野。历史开了个大玩笑，苏轼一时圣人，一时罪人。他曾在杭州当官，兴利除弊，过得很惬意，自比唐代的白居易。元祐六年（1091），因为朝局变化，他被召回朝。但不久又因为政见不合上意，元祐六年八月被调往颍州任知州，元祐七年（1092）二月任扬州知州，元祐八年（1093）九月任定州知州。新党和旧党都不待见他。元祐八年高太后去世，哲宗执政，新党再度执政，苏轼就更惨了。

羊蝎子和荔枝

绍圣元年（1094）六月，苏轼被贬为宁远军节度副使，再次被贬至惠州（今广东惠州）。绍圣四年（1097），苏轼被贬到了徼外荒凉之地海南岛儋州，这可以说是他人生最后的一段漂泊经历。他似乎早已经习惯了这种谪居漂泊的生涯，一路从黄州、惠州走到儋州，越来越远离政治中心。据说在宋朝，放逐海南是仅轻于满门抄斩的处罚。他把儋州当成了自己的第二故乡，入乡随俗，自得其乐。

在写给惠州朋友的信《答程天侔三首（其一）》中，他说：

"此间食无肉，病无药，居无室，出无友，冬无炭，夏无寒泉，然亦未易悉数，大率皆无耳。惟有一幸，无甚瘴也。"当年被贬黄州时，他还说此地有鱼有笋；在惠州，的确萧条，惠州市井每天会杀一只羊。苏轼只好买那没什么肉的羊脊骨，就是今天民间说的羊蝎子。"骨间亦有微肉，熟煮热漉出。不乘热出，则抱水不干。渍酒中，点薄盐炙微焦食之。终日抉剔，得铢两于肯綮之间，意甚喜之，如食蟹螯。"①先用水煮，再浸入酒中，捞出后点盐少许，烤至微焦。日子是苦，但还能买到羊脊骨，剔得骨间微肉，很高兴，像吃蟹螯一样，几天吃一次觉得很补，还能在苦日子里找到吃的乐子。尤其是著名的《食荔支二首（其二）》："罗浮山下四时春，卢橘②杨梅次第新③。日啖荔支（枝）三百颗，不妨长作岭南人。"古代最喜欢荔枝的人，除了杨贵妃就要算苏轼了。被贬岭南，别人悲观丧气，苏轼却立刻发现了生活中的乐趣。"一把荔枝三把火"，虽说荔枝好吃，但不能贪嘴。苏东坡患有严重的痔疮，美味荔枝却让他吃到停不下来，这一贪嘴，病就复发了，只好过起粗茶淡饭的生活。他在给友人的信《与程正辅四十七首（之十二）》中写道："某启。近苦痔疾逾旬，牢落可知，今渐安矣，不烦深念。荔枝正熟，就林恣食，

———————————

① 苏轼《与子由弟十首（其七）》。
② 卢是黑色，卢橘在东坡诗中指枇杷。
③ 这是说枇杷和杨梅天天都有新鲜的。

亦一快也，恨不同尝。"吃多了，太贪嘴，居然犯了痔疮，这么大的文豪，在鲜美的荔枝面前，馋得像个无节制的小孩子。不过苏学士也有辙，他在《与程正辅书四十七首（之三十三）》中记述了一个简便有效的治疗方法："胡麻，黑脂（芝）麻是也。去皮，九蒸曝白。伏（茯）苓去皮，捣罗入少白蜜为麨（chǎo），杂胡麻食之甚美。如此服食已多日，气力不衰，而痔渐退。"这方法从药书而来，苏东坡采用芝麻茯苓面治疗痔疮，距今已有九百多年，今天还有人用。方法不难，把炒熟后的黑芝麻碾碎，与茯苓粉混合，每天服用少许即可。据说也好吃，几天后见效，气力也好。应该说当时惠州的生活条件差强人意。

按照东坡《到昌化军谢表》所描绘的情景，苏轼没打算从海南回来。"生无还期，死有余责……而臣孤老无托，瘴疠交攻。子孙恸哭于江边，已为死别；魑魅逢迎于海上，宁许生还？念报德之何时，悼此心之永已。俯伏流涕，不知所云。臣无任。"这是苏东坡到达贬地儋州后，在给皇帝的谢表中，描述其全家人当时生离死别的场面。他称是谢恩，实际上却是一片哀嚎。他也说不清自己是好是坏，多次被折磨，还有余罪，走上穷途末路。他说自己死有余辜，叩头流涕，不知道说什么好，实际上是跟朝廷说，不就是个死吗，有什么大不了的。牙一咬心一横，二十年后又是一条好汉。有人说，在苏东坡这一类奏章中，最为沉痛的是这份谢表。此表名为感恩，实则是拿命来抗争。这个环境下吃蚝，是为了延续生命，为了满足口腹之欲，更是反抗。你不是折磨我吗，我活得挺好。你不是气我吗？我不生气。苏轼越是达观，越是超然，对他的迫害就越不奏效。谁气谁？不知道。

到海南后，是"六无"，"此间食无肉，病无药，居无室，出无友，冬无炭，夏无寒泉"，这里人们的生活方式和北方完全不同，要啥没啥。还好，不像传说的那样瘟疫横行，"惟有一幸，无甚瘴也"。要知道，多少人死在了南方的不毛之地，这已经捡了一条命了！《宋史·苏轼传》记载："又贬琼州别驾，居昌化。昌化，故儋耳地，非人所居，药饵皆无有。"苏轼怎么办呢？"初僦①官屋以居，有司犹谓不可②，轼遂买地筑室，儋人运甓畚土以助之。独与幼子过处，著书以为乐，时时从其父老游，若将终身。"一切都是白手起家，费尽周折，苏轼觉得自己这辈子就交待在这里了。《答程天侔三首（其一）》中他又说："近与小儿子结茅数椽居之，仅庇风雨，然劳费已不赀矣。赖十数学生助工作，躬泥水之役，愧之不可言也。"苏轼还好有一堆人帮他，他体力也不差。"尚有此身，付与造物，听其运转，流行坎止③，无不可者。故人知之，免忧。夏热，万万自爱。"苏轼很达观，道家佛

---

① 僦，租赁。
② 这是说当地官员不让。
③ 流行坎止，指的是顺利时出头露面，遇挫时退隐。

家情怀支撑着他。还叮嘱朋友不要担心，多保重。

沧海何曾断地脉

元符三年（1100），宋徽宗即位，朝廷赦令苏东坡北归。苏东坡离开儋州时，黎族父老携酒相送，执手泣涕，特别不舍，令他非常感动，遂写《别海南黎民表》劝慰别离之苦："我本儋耳人，寄生西蜀州，忽然跨海去，譬如事远游。平生生死梦，三者无劣优。知君不再见，欲去且少留。"苏轼看得很开，人生如梦。生死和梦都差不多。可是毕竟一去不复返，再也见不到你们了，我也矛盾，看一眼是一眼吧！他在海南办学堂，端正学风，还有人不远千里，追至儋州，从苏轼学，这是宋朝的追星族。人们一直把苏轼看作是儋州文化的开拓者、播种人，对他怀有深深的崇敬。在儋州流传下来的东坡村、东坡井、东坡田、东坡路、东坡桥、东坡帽等，表达了人们对他的缅怀之情，连语言都有一种"东坡话"。

原来从宋代开国到苏轼晚年的一百多年里，海南从没有人进士及第，文化教育落后。宋代僧人惠洪的《冷斋夜话》卷一有这么个故事："东坡在儋耳，有姜唐佐者从乞诗。唐佐，朱崖人，亦书生。东坡借其手中扇，大书其上曰：'沧海何曾断地脉，朱崖从此破天荒。'"姜唐佐字君弼，北宋琼山县（今海口市琼山区）人，是苏轼居儋时的学生。他管苏轼要诗，苏轼给他写了扇面。

然而张邦基《墨庄漫录》卷一，把这个故事描绘得比较凄婉："东坡在海外，琼州士人姜公弼来从学。坡题其扇云：'沧海何曾断地脉，白袍端合破天荒。'公弼求足之，坡云：'候汝登科，当为汝足。'后入广，被贡至京师。时坡已薨[1]，乃谒黄门于许下，子由乃为足之云：'生长芸间已异芳，风流稷下古诸姜[2]。适从琼管[3]鱼龙窟，秀出羊城翰墨场[4]。沧海何曾断地脉，白袍端合破天荒[5]。锦衣他日千人看，始信东坡眼目长[6]。'"时过境迁，这诗至今读起来还让人泪目。先生之风，山高水长！

豆粥美半天

随遇而安、乐天知命的苏轼，写过一首诗就叫《豆粥》。豆粥大家都熟悉，就是豆子和大米熬成的粥。宋神宗元丰七年

---

[1]　1101年，东坡在获大赦北还途中病逝于常州。

[2]　姜唐佐姓姜，而齐国稷下学宫名垂千古。稷下学宫兴盛于战国中期，那时齐国君主已不是姜子牙后人，而是田氏。这里只是笼统的说法，为了押韵。

[3]　琼管是琼州的别称。

[4]　秀出羊城翰墨场，是夸奖姜唐佐铁砚磨穿，在羊城一举成名。

[5]　端合指应该，这是说海南虽然远但文脉不断。

[6]　始信东坡眼目长，说的是苏东坡能识人。

（1084），苏轼从金陵送家眷到真州（今江苏仪征市）安顿，此
诗是在北上途中写的：

> 君不见滹沱流澌车折轴，公孙仓皇奉豆粥。
> 湿薪破灶自燎衣，饥寒顿解刘文叔。

　　这是刘秀的故事。《后汉书·冯岑贾列传》记载，刘秀当
初起兵的时候，因为对头王郎起事，声势浩大，光武帝打不过，
只能逃到了滹沱河下游。他早晚都住在茅草房舍之中，后来连
瓜菜都吃不上了。天冷，没得吃，这时候他得到冯异送上的豆
粥，才"饥寒俱解"。后来又遇到大风雨，"光武引车入道傍空舍，
（冯）异抱薪，邓禹爇（ruò）火，光武对灶燎衣"。臣子寻柴点火，
光武帝烤湿衣服，谁都有在逆境中的时候。

> 又不见金谷敲冰草木春，帐下烹煎皆美人。
> 萍齑豆粥不传法，咄嗟而办石季伦。

　　这是西晋大土豪石崇的故事。石崇，字季伦。金谷园是晋
代洛阳的名园，石崇的别墅。《世说新语·汰侈》记载了石崇
和另一个大土豪王恺斗富的事。人们发现，石家的豆粥做得又
快又好，冬天还有薤子、韭菜吃，这在当时可是稀罕物。这本

荒亭进粥，马骀画

事，王家做不到。因为石崇手下人有秘籍，秘不告人。后来王恺也够能折腾的，买通了石崇的佣人，才知道，一般豆子是煮很久才煮熟的，石崇他们家之所以快，不是啥特异功能，而是把豆子磨成粉末预先煮熟，客人来了，就以滚开的白粥浇兑；薤子、韭菜也不是金谷园的反季节蔬菜，而是以干韭根捣细，杂以麦苗充当薤子罢了。萍同苹，即薤子；齑（jī），是捣碎的粉末；咄嗟（duō jiē）而办，说的是一经呼唤，立马办到。这四句又是一个豆粥的故事。

干戈未解身如寄，声色相缠心已醉。
身心颠倒自不知，更识人间有真味。

苏轼感慨，甭管是干戈未解的刘秀，还是声色犬马的石崇，谁不是托身于人世、醉心于红尘的过客？他们身心颠倒，"圣人为腹不为目"（《道德经》），物质世界是过眼烟云，还不如静下心来享受人间真味！

岂如江头千顷雪色芦，茅檐出没晨烟孤。

地碓舂秔（jīng粳）光似玉，沙瓶煮豆软如酥。

我老此身无着处，卖书来问东家住。

卧听鸡鸣粥熟时，蓬头曳履君家去。

　　苏轼琢磨豆粥了。芦苇作燃料，炊烟袅袅，粳米光洁，豆子酥软，不错不错！我老无所依的时候，就在这儿蹭着住，还蹭你的粥喝，大不了就把我的书卖掉换钱。一听鸡叫了，嗯，早饭有了，不洗漱，不穿戴，蓬头垢面，趿拉着鞋，一溜烟去你家蹭粥。谁叫你的粥好喝呢！苏老夫子就是苏老夫子，文学史家都认为，他身上的"野性"谁也比不了。但其背后，又有多少辛酸不为人知呢！

　　《宋史·苏轼传》评价苏轼："自为举子至出入侍从，必以爱君为本，忠规谠①论，挺挺大节，群臣无出其右。但为小人忌恶挤排，不使安于朝廷之上。"史官也认为，苏轼从小到大都是真诚的人，自从成为举子到后来出入皇帝身边做侍从，从江湖到庙堂都表里如一，一定是以爱戴君王为根本。他忠心耿直的言

――――――――――

① 谠，正直。

论，正直无畏的伟大情怀，都远远在众大臣之上。越是这样的人，在混浊的年代越是倒霉，只是他被小人嫉妒和排挤，使得他不安于世。《宋史·苏轼传》还讲，当初宋太祖时实行差役制度，时间长了，产生了弊病。王安石担任宋神宗的宰相时改为免役制。司马光担任宰相，知道免役的害处，不知道它的好处，想要恢复差役制。苏轼说：差役制和免役制各有利弊。免役的害处是官吏聚敛民财，钱财聚集在朝廷而百姓闹钱荒。差役的害处是百姓长时间服役，不能专心全力在农事上，此时那些贪婪狡猾的官吏就趁机做一些不法的事情。这两种害处的程度，大概是相等的。司马光并不认为苏轼说得正确。苏轼又在政事堂陈述自己的观点，司马光很愤怒。苏轼说：当年宰相韩魏公①指责陕西省的义勇军，您当时是谏官，努力和他争执，韩公不高兴了，您也不顾。苏轼以前听您详细说过这件事，难道今天您做了宰相，就不许我苏轼把话说完吗？司马光听完笑了起来。苏轼憋不住心里的话。其文，其诗，其词，其书，其画，名满华夏，成就有目共睹，和吃蚝一样，流露着真性情。他活得坦荡，不会遮掩，并为后世留下了诸多美食家的佳话。

---

① 韩魏公指韩琦，是宋朝时辅佐过三任皇帝的宰相。

第十章

盛宴·宋徽宗·皇权

《水浒传》第七十二回"柴进簪花入禁苑　李逵元夜闹东京"中，宋江在梁山大聚义之后，透露了受朝廷招安、为国家出力的思想，被大小头目一致反对。宋江仍未打消此意，带少数弟兄，到东京观灯，企图通过徽宗的宠伎李师师，探听徽宗有无招安可能。此事激怒李逵，从李师师家直打出京城。幸而吴用预先派五虎将接应，宋江才得安然回梁山。小说描绘了宋江领一干人元宵入城看灯时所见格外热闹的一幅景象。

　　宋江和柴进扮作闲凉官，戴宗、燕青跟随，众人纷纷兀自感叹：东京果真是天下第一国都。他们随着社火队的人流，进入都城北侧的封丘门，玩遍六街三市。走到御街，两边都是烟月牌，看到一家挂着两个牌子，写着"歌舞神仙女，风流花月魁"。宋江与众人走到一间茶坊吃茶，向茶博士询问，得知"这是东京上厅行首，唤做李师师"。此后便是宋江等人见花魁遇杨太尉，在道君皇帝与民同乐的元宵夜，李逵大闹京都，把这一切搅和黄了。

李师师的生平记述最为详细的，当数南宋无名氏所作的《李师师外传》。文中言及李师师与宋徽宗赵佶相遇，金兵同大宋开战，李师师将财富捐给河北作军饷，自己则出家慈云观了。其他文献也都有类似记载。宋元时的《大宋宣和遗事》里还说李师师曾被册封为李明妃。《瓮天脞语》里也有记载"山东巨寇宋江，将图归顺，潜入东京访师师"。宋江之所以访师师，是因为他知道李师师和宋徽宗比较熟，所以来托她在徽宗面前说说好话。这些故事有文学因素，但也不一定是空穴来风。一座汴京城，汇聚着各地文化生活，有乡野村夫、佳人艺伎、英雄豪杰，也有达官贵人和上元节与民同乐的"道君皇帝"，茶坊间流传着关于他们的奇闻轶事。这一切，最高统治者宋徽宗，应当最熟悉不过。

蔡京的忽悠

在《东京梦华录》的序中，孟元老记载"集四海之珍奇，皆归市易；会寰区之异味，悉在庖厨"，可见以汴京为代表的北宋饮食业的繁荣。宋徽宗赵佶（1082—1135）是北宋第八个皇帝。作为皇帝，他昏聩无能，沉迷享乐，历来被视为宠信奸佞、败坏国家的昏君。但同时他也是一位艺术巨匠，拥有极高的审美创作水平，开创了"瘦金体"，推动了艺术的发展。北宋末期，"开源节流"的改革政策被遗忘到角落之中，取而代之的是不思进取和对奢靡生活的享受，宫廷宴饮活动的规模在哲宗、徽宗时期到达顶峰。宋徽宗虽治国无能、识人不清，但在享受生活，尤其是品味美食这件事上，可以说和他的审美水平不相上下，见多识广，排场十足。

说到"丰亨豫大"，必然绕不开一个人——蔡京。

蔡京作为声名狼藉的北宋六贼之一，对宋徽宗在政治上的改弦更张有推波助澜的作用。登基之初的宋徽宗广开言路、中正公允，曾被王夫之在《宋论》卷八《徽宗》中如此评价："徽宗之初政，粲然可观。"而蔡京把握住了这位年轻皇帝的心态，善于逢迎，加之他又会办事又有艺术才能，得到了赵佶的宠信和垂青。

蔡京为徽宗提出了一个享乐理论，叫作"丰亨豫大"。这四个字摘自《周易》，《易·丰》："丰亨。王假之。"又《豫》："圣人以顺动，则刑罚清而民服，豫之时义大矣哉。"本谓富饶安乐的太平景象，丰盛就亨通、安乐就阔绰，是顺应天意的意思。蔡京将这四个字解释为：在物质丰足、国泰民安的年代，皇帝要尽情享乐、善于享乐，否则就是违背天意，反而对国家和人民不利。此外，他还提出了"为王不会"，解释为：天下的人花钱都是需要计算的，但皇上花钱不必如此；象征着国家的君主如果都要精打细算，那这个国家的百姓就更为贫穷。所以为了体现国家和人民的强盛富足，皇帝必须得大肆花钱、善于花钱。在蔡京"丰亨豫大"这个歪理邪说的鼓吹之下，宋徽宗开始在饮食生活上追求奢侈豪华。应奉局为了迎合宋徽宗的喜好，替他采办荔枝、龙眼、椰子等时令水果，网罗奇珍异兽。宋徽宗的口味越来越刁钻，成为宫廷中最大的美食家。

皇帝的小零食

宋陈郁《藏一话腴》记载了一个故事。宋徽宗一日来到"来夫人阁"，"就洒翰于小白团扇，书七言十四字，而天思稍倦，顾在侧侍珰曰：汝有能吟之客，可令续之"。皇上在团扇上写了十四个字，不写了，没心气儿了。让太学生们替我写！但太学生不明圣意，无所适从。宋徽宗又说："朝来不喜餐，必恶阻也。当以此为词，以续于扇。"徽宗是说，宫廷的早点不合我的口味。"恶阻"实为呕吐、恶心之意，徽宗应该是肠胃不好，不能吃早餐。本来是一个很尴尬的作诗意境，导致徽宗无法续写下去，没想到被一个太学生溜须拍马给转化为奉承。有人续上了，皇上大喜。"会将策士，命于未奏名径使造庭，赐以第焉。"科举考试中，礼部将拟录取的进士名册送呈皇帝审核，称"奏名"。这个人还没如此资格，就是"未奏名"，但他是幸运儿，皇上一高兴直接给了功名。皇上写了什么？赵佶用笔在小白团扇上只写下两行字："选饭朝来不喜餐，御厨空费八珍盘。"没胃口，御膳房做什么都白搭。太学生写的是："人间有味俱尝遍，只许江梅一点酸。""江梅一点酸"既是为徽宗开药方（也就是酸梅开胃），也可能是在提醒当时的时节要有梅子上市。江梅是一种野生梅花，又称野梅，常在山涧水滨荒寒清绝之处生长①，后来才被移植至园中栽培。拿江梅来开开胃口，您还吃不下吗？这正合宋徽宗之意，当下龙颜大悦，赐予功名。有人说这里的江梅可能是李师师，也许想多了。但皇家的气象，可见一斑。北宋末期，节俭之风被虚浮荣华掩盖，宫中的贵人们赐宴群臣也从东京采买佳肴，而"与民同乐"的宋徽宗所举的上元节、天宁节，满城灯火的热闹景象背后是一笔笔巨大的开销。之所以呈现出如此不加节制的节日庆典、宴饮盛会，离不开徽宗朝的一个宗旨"丰亨豫大"。

除了酸甜口味，也有很多食物得到宋徽宗的垂青，特举出龙眼和黄雀鲊两例。地方志记载，有一阵子宋徽宗的皇后大病一场，恰好来自福建莆田的龙眼被进贡给皇上，皇后吃后立刻神清气爽，即赐名"桂圆"。黄雀鲊也是得到过皇上认可的食物。黄雀即麻雀，捕捉后需用盐和米粉腌制，和腌肉、腌鱼的方法差不多，但味美更胜一筹。在当时有"蜜炙黄雀""酿黄雀""煎黄雀"等多种菜品，徽宗皇帝在品尝这一贡品时龙颜大悦，此后更为流行，名传于世。南宋周辉的《清波杂志》卷五《蜂儿》

① 宋代范成大的《范村梅谱》说："江梅，遗核野生、不经栽接者，又名直脚梅，或谓之野梅。凡山间水滨荒寒清绝之趣，皆此本也。"

中有记载："蔡京库中，点检蜂儿（据说是蚕蛹）见在数目，得三十七秤。黄雀鲊自地积至栋者满三楹。"蔡京倒台被抄家，除了金银，他的家里还查抄出蜂儿三十七秤，他最爱吃的黄雀鲊竟然堆满了三个房间，他三生三世也吃不完，是他占有欲望太强烈？似乎也不是。既然宋徽宗喜欢，他肯定投其所好，有人推测蔡京府上囤的食材如此之多，不少应该是送给皇帝的吧？问题是这么多也不坏，因为它们经过腌制处理。

有意思的是，除了一般饮食，"冰"这类冷饮也逐渐在民间发展。《东京梦华录》说"盖六月中别无时节，往往风亭水榭，峻宇高楼，雪槛冰盘，浮瓜沉李，流杯曲沼，苞鲊新荷，远迩笙歌，通夕而罢"，可见东京市民常常能够在街头巷尾买到解暑的冰雪冷饮。这些东西受宫廷贵族的影响，藏冰用冰古已有之。宋徽宗也有因"食冰太过"导致损伤脾胃的故事。那年盛夏暑热，徽宗皇帝因贪凉食冰过多，损伤了脾胃之阳，经御医多方治疗仍腹泻不止，御医们束手无策。后来将民间名医杨介召入宫中，杨介诊断完毕，用理中汤为方，冰水煎服，徽宗服后痊愈。杨介是宋代著名医学家[①]，泗州（今江苏盱眙）人，系世医出身，

———————

① 据说在宋徽宗崇宁年间，当地有刑犯处决，地方官李夷行遣医生及画工解剖尸体胸腹，将所见绘成图形。杨介把这些解剖图与古医书相比校，并绘成新图；再加上中医的十二经图，绘成《存真环中图》，存真指内脏，环中指十二经图，是我国古代医书不可多得之解剖图，可惜已经亡佚了。

曾经以理中汤愈宋徽宗之脾疾。理中汤是由人参、白术、炙甘草、干姜等组成的药物，具有治疗脾胃虚寒证，自利不渴，呕吐腹痛，腹满不食等症候的功效。从杨介的处理看，宋徽宗就不适合寒凉之物。

金殿点茶宴群臣

宋徽宗对于美食的享受不仅仅局限于几道稀奇菜品和食单，这位艺术家将其非比寻常的艺术天赋和生活品位结合在了一起，将许多食物融入兴趣爱好和庆典活动之中，由此丰富了传统宴会的规格，也让茶宴走出传统宴会，成为文人雅客纷纷效仿的活动。

宋徽宗的艺术天分和生活品位，让他除了书法、工笔画外，在品茶方面也有独特的造诣，并亲自撰写了《大观茶论》一书。宋徽宗"金殿点茶宴群臣"的故事也一直在茶界流传。在王明清《挥麈录》中有蔡京所撰《延福宫曲宴记》一文，文中记载："宣和二年十二月癸巳，召宰执亲王等，曲宴于延福宫……上命近侍取茶具，亲手注汤击拂。少顷，白乳浮盏面，如疏星淡月，顾诸臣曰：'此自布茶。'饮毕，皆顿首谢。"这是非常具有代表性的五步点茶法，由点茶宴群臣可见宋徽宗对茶之痴。宋代的点茶法首先将茶饼碾碎，然后放置在碗中待用。接着用釜烧水，当微沸初漾时即冲点碗中的茶。将茶叶末放入茶碗，注入少量沸水调成糊状，然后直接向茶碗中注入沸水，同时用茶筅（xiǎn）搅动，茶末上浮，形成粥面。为了使茶末与水能够交融成一体，于是就发明了一种用细竹制作的工具，称为"茶筅"。点茶过程中，需要调节炭火，进行调炭时，有"三炭"之说，即底火、初炭（第一次添炭）、后炭（第二次亦即最后一次添炭）。过程非常复杂，也相当有难度，但宋徽宗是好手，群臣不得不服。

徽宗时的宴会不仅盛大奢靡，还有符合徽宗艺术气质的雅致茶宴。徽宗除了品茶写书，还留下了一幅与茶有关的书画——《文会图》，记录了古代文人雅集品茗、咏诗论道的场

煮茶（壁画），辽代张文藻墓

景，还有宰相蔡京的题词，夸赞徽宗召集的文会使天下贤才归心。《文会图》中除了描绘茶事器具、点茶手法，还描绘了桃子、苹果等水果，垒成塔状，前者与徽宗所著《大观茶论》相照应，反映出精致茶点工艺较于前朝的革新，展现出点茶审美和从传统宴会中逐渐脱离出来的茶宴文化活动。皇室贵族的饮茶方法与风气通过士子门客的宴饮广泛推广，形成宋朝举国饮茶之风。

宋徽宗的御宴

宋代御宴名目繁多，在众多宴会中，帝王寿筵地位不同凡响，甚至为庆祝诞辰制定了节日庆典，比如宋太宗的生日乾明节、宋真宗的生日承天节……其中最为奢靡的是徽宗的生日——天宁节。据记载，宋徽宗本生于端午节那天，但民间认为五月不吉利，颇为忌讳，由此改为十月十日。关于宋

文会图，北宋宋徽宗画，台北故宫博物院藏

徽宗生辰还有一则故事，记载于蔡京第四子蔡绦的《铁围山丛谈》①中。一位来自四川的测字先生谢石，在测字时收到了一张纸条，上面写着一个"朝"字。谢石一看，便说："这不是你写的。"来人颇感吃惊，但仍不露声色继续问道："何出此言？"谢石答道："大家天宁节以十月十日生，此'朝'字十月十日也，岂非至尊乎？""朝"字拆开为十月十日，这不是十月十日出生的天家写的，还能是谁呢？原来，正是宋徽宗差人去测字，听谢石如此说心下大喜，于是召见他。

《东京梦华录》等文献记载，宋朝御宴本就排场盛大，挥霍无度的宋徽宗更为其生日——天宁节专门制定了一套仪式，共五天，其规模堪称北宋之最。为这五天的寿筵，教坊乐人歌伎需要提前一个月彩排文娱活动，一切都要按照章程紧锣密鼓地开展。初八，枢密院修武郎以上的武官拜寿；初十，尚书省率领宣教郎以上文官，到相国寺祝寿，吃顿斋筵后还要接受宋徽宗的赐宴，到紫宸殿贺寿，行三十三拜礼；初十之后才是家宴。而到了十二日，才来到天宁节的重头戏，文武百官、亲王宗室、各国使节都来到宫中，共享庆寿筵。

这一天，声乐丝竹不绝于耳，随着口技禽鸣之声环绕殿宇

①《铁围山丛谈》是蔡京儿子蔡绦流放广西白州时所作笔记。白州境内有山名铁围山，位于今广西玉林市西。

之内，场景若百鸟朝凤、鸾凤翔集。集英殿上，宗亲宰相、各国使臣坐于廊间，面前放置着美酒佳肴，包括环饼、油饼、水果、枣塔以及猪羊鸡鹅等熟肉为看盘，酒器精美，多为银质，孟元老记道"殿上纯金，廊下纯银"。

寿筵流程也十分考究，由"色长"者喊酒，共进九盏，第三盏酒时上菜肴，每一轮敬酒都有不同的乐声和菜肴相配。第一盏、第二盏御酒时，歌伎唱祝寿歌，笙箫笛和奏，由宰执带头，百官进酒。第三盏御酒时便有了菜肴——咸豉、爆肉、双下驼峰角子。第四盏，节目为发谭子，就像今天的相声小品类节目，炙子、骨头索粉、白肉胡饼被呈了上来。第五盏时，是琵琶独奏和小儿队舞专场，这时吃些群仙炙、天花饼、太平毕罗（饆饠）、缕肉羹、莲花肉饼正合时宜。中场休息后的第六盏御酒达到了宴会场面的高潮，蹴鞠表演深受徽宗皇帝喜爱，兴起时，也会下场表演一番。后三盏酒时，还有许多胡食——胡饼、炊羊、炙金肠等，待到第九盏御酒毕已近黄昏，百官打道回府，寿筵至此结束。

若天宁节的盛宴还有贺寿之名，那其余宴饮的铺张在蔡京等宠臣的眼中则是一种"皇上的恩赐"，是君臣幕僚间感情的联络，是附庸着艺术切磋之名的炫耀。蔡京在《太清楼特宴记》中记录了复官后与各大臣的宴饮活动。政和二年（1112），宋徽宗宴请蔡京等十一名大臣，筵席上的山珍海味堆积如山，仕女乐童四百余人，宫中之人穿戴精致，周遭风景建筑雅致，令人瞠目结舌。

“玉京曾记旧繁华”

赐宴之外，蔡京等宠臣在日常生活中也是穷奢极欲。蔡京喜欢吃盐豉，这豉的来源是黄雀之胗，在腌制之后盐豉就一个豆粒大小，因此一瓶盐豉至少需要三百只黄雀。江西官员为了巴结蔡京送来盐豉，一送就是十瓶。蔡京问还剩几瓶，回答说还剩八十多瓶，可见屠杀了大量的野生动物。蔡京喜欢吃蟹黄包，据说吃一顿包子得用掉一二百只螃蟹。蔡府的包子做法与其他地方大不相同，在《鹤林玉露》中记载了一个故事：一个士大夫买来一个妾室，听闻曾专门负责在蔡府做包子，就想让她给自己做一做，谁知妾室推拒不能，答道“妾乃包子厨中缕葱丝者也”。竟然专门有人负责切葱丝这一个小步骤，可见蔡府的奢华程度。

反观宋朝开国之初，饮食风格可称简约。范仲淹小时候“划粥断齑”，磨炼出艰苦朴素的品格。王安石宴客，菜肴清淡，亲戚不忍下箸，他却打扫殆尽。宋徽宗和蔡京等人的享受断送了北宋节俭的风尚，也让这个表面繁荣的国家被空耗殆尽。

盛宴的背后，是宋王朝的危机。金朝的进攻让一个承平日久的国家毫无还手之力。宋徽宗沉浸在纸醉金迷的生活中，意识不到危机的来临，没有做好抗金的准备，曾经锋利的爪子在安逸中钝了，一味南逃和退让，最终丧失大好河山。《铁围山丛谈》说，在五国城囚禁中，宋徽宗的一个手下人去买茴香，无意间发现了包菜的一张纸，宋徽宗拿起黄纸一看，脸上突然露出欣喜的表情。原来是靖康二年（1127）五月初一，徽宗第九子赵构在应天府（今河南商丘）登基做了皇帝，改年号为建炎。这张黄纸是高宗赵构登基后大赦天下的赦书。赵构在汴京时被封为康王，金兵围城时，宋钦宗在紧急关头派赵构代表宋朝去金国谈判。当他走到磁州时，被守城将领宗泽留下，没再往北走。金兵攻破京城时，赵构不在城内，才免于被俘，后来由孟太后主持登上皇位，从而保住了宋朝半壁江山。众人听徽宗说赵构当了皇帝，都大喜。宋徽宗说："夫茴香者，回乡也。岂非天乎？"买茴香得赦书，茴香，不就是回乡吗？这真是吉兆啊！真是老天有眼，不绝我赵氏国脉，我大宋江山南北统一指日可待了！这迟到八年的消息，使囚禁在五国城的二帝和皇族们欣欣不已，向南天朝拜，年幼者及众臣下纷纷跪地磕拜，欢声笑语传到了院外。但这些终究是黄粱一梦，高宗赵构才不想让爸爸和哥哥回来，否则岳飞也不会死。蔡京在流放之时，空有一船财物，却因声名狼藉，无人予他买卖食物，晚景悲凉，也是咎由自取。蔡绦所记载的宋徽宗在五国城的故事，可靠吗？蔡绦和宋徽宗他们一南一北，可信度大打折扣，也有观

听琴图，北宋宋徽宗画，北京故宫博物院藏

点认为这类宋人笔记主观性太强。

不知他们回忆起往日的种种盛宴作何感想？宴饮之乐、口舌之享，让徽宗忘记了祖上创业之艰，让他安于自己的艺术人生之中，终究是荒废朝政，使国库空虚。明代学者陈霆的《渚山堂词话》说，宋二帝"北狩"也就是被掳走之后，金人徙之云州。"一日，夜宿林下，时碛月微明，有边人吹笛，其声呜咽"。太上皇赵佶老泪纵横，留下了表现亡国之恨的《眼儿媚》，词云："玉京曾记旧繁华，万里帝王家。琼林玉殿，朝喧箫管，暮列笙琶。花城人去今萧索，春梦绕龙沙。家山何处，忍听羌笛，吹彻梅花。"

这是对繁华生活的追忆，亦是对今日狼狈之悲怨与悔恨。宋徽宗这词也是假托的吗？他客死他乡，晚年的悔恨之语，他人又如何听得到？今天能看到赵佶北虏后的诗词，但词风大变，多惆怅亡国之恨，这些亡国词作近似于南唐后主李煜，基本上是去国怀乡之思。我们虽不知这首词是否一定是宋徽宗本人所作，但很符合情理吧。明朝人说，宋钦宗还有和父亲宋徽宗的和词，让人潸然泪下，有一定可信度。《渚山堂词话》说："此词少帝有和篇，意更凄怆，不欲并载。吾谓其父子至此，虽噬脐无及矣。每一批阅，为酸鼻焉。"后来不少宋徽宗、宋钦宗身边的大臣，辗转回到南宋朝廷；韦太后回归、皇帝灵柩被送回、秦桧回南宋等，有不少人借机回到南方，不排除有带回太上皇晚年诗词的可能性。不管如何，人得为任性付出代价。

第十一章

茶淫橘虐・张岱・遗民

明朝学者张岱讲了这样一个故事。有一僧人与一士子同宿夜航船。士子高谈阔论，侃侃而谈，僧人对读书人畏慑，于是蜷着脚睡。僧人听着听着，觉得不对劲，就问："请问相公，澹台灭明是一个人、两个人？"澹台灭明是孔子一个弟子。士子答："是两个人。"僧人又问："这等尧舜是一个人、两个人？"士子答："自然是一个人！"僧人笑了，你就这学问啊，于是说："这等说起来，且待小僧伸伸脚。"于是，张岱便编写了一本列述中国文化常识的书，取名《夜航船》，使人们不至于在类似夜航船的场合丢丑。别的不图，他说"但勿使僧人伸脚则可已矣"。①

　　这个故事的讲述者张岱（1597—1689），浙江山阴（今浙江绍兴）人，祖籍四川绵竹，明清之际史学家、文学家。他出身仕宦家庭，于崇祯八年（1635）参加乡试，不第；明亡后隐居

_____

① 详见《夜航船·序》。

在浙江的四明山中，潜心著述，著有《陶庵梦忆》和《石匮书》等；康熙四年（1665）撰写《自为墓志铭》，向死而生；后于康熙二十八年（1689）与世长辞。史学上，张岱是"浙东史学"的代表人物；文学创作上，张岱以小品文见长，以"小品圣手"名世。

张岱像，画者不详，出自宁波天一阁《夜航船》抄本

少年时期，他可是位游历四方、精通各种技艺的"纨绔子弟"，在吃喝方面尤其讲究，具有极高的品鉴能力和独到的见解，还编著饮食随笔成册。他有一句名言，为人所熟知："人无癖不可与交，以其无深情也；人无疵不可与交，以其无真气也。"[1] 是说一个人若没了嗜好，对什么都提不起兴趣，眼前空无一物，才疏学浅，心浮气躁，无真情可言，推物及人，对物如此，对人能好到哪里？即便你和他打交道，不过是利益关系，能真心对你吗？这样的人，当然不值得交往。

余生钟鼎家

张岱非常有个性，少年时是"无癖不可与交"的"纨绔"公

---

① 《陶庵梦忆》卷四。

子。他晚年在《自为墓志铭》中对自己少年时期的荣华生活和丰富爱好有一定描述——"少为纨绔子弟，极爱繁华"。这样的物质喜好必然离不开锦衣玉食的家族背景。张岱在《春米》一诗中写到自己的出生背景："余生钟鼎家，向不知稼穑。米在囷廪（qūn lǐn，粮仓）中，百口从我食。婢仆数十人，殷勤伺我侧。举案进饔飧（yōng sūn，早饭晚饭），庖人望颜色。喜则各欣然，怒则长戚戚。"张岱出生于明末浙江绍兴的官宦之家，祖上四代为官，高祖父曾为王阳明的再传弟子，虽后世稍有没落，但他在此地自小也是众星捧月的存在。优渥的生活环境和聪明的头脑让他见多识广、博闻强记，培养了许多"兴趣爱好"。张岱在《自为墓志铭》中写"少……好美食，好骏马，好华灯，好烟火，好梨园，好鼓吹，好古董，好花鸟，兼以荼淫橘虐①、书蠹诗魔"。可以想象，一个身着华服的少年偶尔去看梨园歌舞、赏骏马华灯、把玩古董花鸟、品鉴美食茗茶，时不时还亲自排戏演戏，斗鸡、蹴鞠等活动层出不穷。张岱好梨园歌舞，且精通到自信"嗣后曲中戏，必以余为导师"，他与戏曲行家祁彪佳交好，还在一次聚会中大摆戏台，演了十几出，引得上千人围观，还创作出《乔坐衙》；明朝天启年间斗鸡之风兴起，张岱就设了个"斗鸡社"，邀约同社人斗鸡，屡屡获胜，直到偶然得知"唐玄宗斗鸡亡国"才罢手；好品茗，就

—————————

① 淫、虐都是指过分地喜爱。

专门去找闵老子斗茶；好灯谜游戏，就仿照南宋刘义庆《世说新语》体例撰写《快园道古》，收录民间谜语和灯谜就有六十多条。在《自为墓志铭》中，他说自己有七个"不可解"，也就是自己都搞不清楚的矛盾现象。其中，不可解二"产不及中人，而欲齐驱金谷，世颇多捷径，而独株守于陵，如此则贫富舛矣"。意思是说，自己的产业还不如中等人家，心中却向往奢华的生活，世上有很多发达的捷径，而甘心独自隐居于山野，如此身贫心富。

　　张岱对于美食的热爱让他有独特的饮食之道。他对食材十分考究，制作方法精致繁密，对于食物味道的把控仿佛音乐家拥有"绝对乐感"；他遍尝天下美食，对于不同地域的特色美食有广博

撵茶图，南宋刘松年画，台北故宫博物院藏

见解。好玩的是，明代中后期，文化兴盛，结社成风。人们以文会友、诗酒酬唱、结聚论学、品评时政，形成种种社会景观。比如把持朝政的东林党人，就多是复社成员。《红楼梦》中不就有宝玉黛玉他们弄的海棠诗社吗？这都是明清社会的写照。士大夫结社，有专门的饮食社，张岱就是关键人物。他喜欢与同好友人交流美食制作经验，还有以美食为核心的宴会，吃货大聚集。

精致的小点心

在《陶庵梦忆》的卷四《乳酪》中，张岱为求上等乳酪，认为经商人之手的乳酪"气味已失，再无佳理"，就自己养了一头牛，"夜取乳置盆盎，比晓，乳花簌起尺许"，然后用铜铛煮，可以添加兰雪汁，用一斤乳和四瓶（他叫四瓯）兰雪汁（加入他秘制兰雪茶的清汁）反复煮沸，要"百沸之"。"玉液珠胶，雪腴霜腻，吹气胜兰，沁入肺腑，自是天供。"煮出的汁液如同玉露琼浆，颜色像霜雪一样白，气味像兰花一样沁人心脾，自然是天之佳品。"或用鹤觞花露入甑蒸之，以热妙；或用豆粉搀和，漉之成腐，以冷妙；或煎酥，或作皮，或缚饼，或酒凝，或盐腌，或醋捉，无不佳妙。"美酒、花露加入锅里蒸，热着吃口感好；或在乳酪里掺入豆粉，过滤成豆腐，这个冷却后很好吃（豆腐一度也被人们称为酪）；或上油锅，把自制乳酪煎得酥脆，或做成奶皮（今天也有不少人喜欢奶皮），或做成缚饼（此处做法不详），或用酒凝（应是加入酒上锅反复蒸），或用盐腌、用醋拌，各种做法都是不错的，这些他都尝试过，体现了吃货触类旁通的智慧。"而苏州过小拙和以蔗浆霜，熬之、滤之、钻之、掇之、印之，为带骨鲍螺，天下称至味。其制法秘甚，锁密房，以纸封固，虽父子不轻传之。"书中提到一个美食家，苏州的过小拙。他把乳酪和以蔗浆霜，熬煮、过滤、穿孔、拾取、印上花纹，最后制成带骨鲍螺，天下人称这是人间美味。这种制法是秘密，用纸封存好锁在密室里，即使是父子，也不轻易传授。这是独门绝技，张岱也不大清楚。带骨鲍螺应是一种点心，有人推测它主料是乳酪，掺入蜂蜜、蔗糖，挤在盘中，形成螺旋形的、底圆上尖的小点心，和海螺相似，似乎是今天的酥皮奶酪。明代写成的《金瓶梅》中，李瓶儿会做泡螺儿，温秀才品评说："出于西域，非人间可有。沃肺融心，实上方之佳味。"应伯爵描述它："上头纹溜，就像螺蛳儿一般，粉红、纯白两样儿。"李瓶儿死后，西门庆也没了这口福，当他再次看到泡螺儿，睹物思人，徒增伤感。带骨鲍螺被张岱誉为天下至味。

"精赏鉴者，无客比"

《自为墓志铭》中，张岱最后说的是："博弈樗蒲，则不知胜负，啜茶尝水，是能辨渑、淄，如此则智愚杂矣，不可解七。"
赌钱掷骰子①，不在意胜负，煮茶品茶，能尝出是用的渑河水还
是淄河水，如此把智与愚用错地方，为不可理解之七。爱茶的
张岱拥有辨别水质产地的绝技，记载在《陶庵梦忆》的《禊泉》
中。张岱偶然路过斑竹庵的时候，饮啜了一口泉水，惊觉与寻
常泉水不同，成色透亮、口感极佳，喝下一口，"辨禊泉者无他
法，取水入口，第拣舌舐腭，过颊即空，若无水可咽者，是为
禊泉"。第（依次）拣（jiǎo，举）舌舐腭是怎么个做法，过颊
即空是怎么个情形，张岱只用语言描述，别人也看不到。"余仓
卒见井口有字划，用帚刷之，'禊泉'字出，书法大似右军，益
异之。试茶，茶香发。"他伸手擦了擦井口盖着灰的隐约字迹，
只见写着"禊泉"二字，于是便以此命名。此后，许多人慕名
来到这口被张岱发掘的古井中取水，或是用来酿酒，又或者是
开茶馆的老板用来泡茶，这口"禊泉"逐渐名气大振，甚至惊
动了官府，将其收为官有。

　　水质上乘，制茶方法自然也有考究，张岱甚至在此基础上
进行了总结和创新。《陶庵梦忆》卷三记载，他的家乡有一种茶，

① 博弈指的是局戏和围棋。《论语·阳货》："饱食终日，无所用心，难矣哉！
不有博弈者乎？为之，犹贤乎已。"朱熹集注："博，局戏；弈，围棋也。"樗蒲
是继六博戏之后，汉末盛行的一种棋类游戏。博戏中用于掷采的骰子最初是用
樗木制成，故称樗蒲；这种木制掷具系五枚一组，又叫五木之戏，或简称五木。

叫作"日铸雪芽","日铸者，越王铸剑地也。茶味棱棱（威严的样子）有金石之气"。此茶在宋代的时候就被选为贡品，欧阳修有"两浙之茶，日铸第一"的美誉。但是，到了明代，安徽的松萝茶因制法先进，在市场上迅速崛起，把"两浙第一"的日铸雪芽压下去了。张岱不甘日铸雪芽没落，就招募技艺先进的人到日铸与他一道改革日铸雪芽。张岱的叔叔三峨叔偶然了解到了松萝茶的烘焙方法，用瑞草尝试后香气扑鼻。"三峨叔知松萝焙法，取瑞草试之，香扑冽。余曰：瑞草固佳，汉武帝食露盘①，无补多欲；日铸茶薮，'牛虽瘠，偾（fèn，仆）于豚上'（出自《左传·昭公十三年》，瘦瘠的牛仆倒在小猪身上，小猪必死）也。遂募歙人入日铸。"他们雇徽州歙县人，用松萝茶的制作方法提升雪芽的品质，经过"扚法、掐法、挪法、撒法、扇法、炒法、焙法、藏法，一如松萝"等技艺的处理，香气始终不够合适，于是"杂入茉莉"，再在茶叶里加进茉莉花进行炒制，结果，他制出的雪芽"色如竹箨（笋壳）方解，绿粉初匀；又如山窗初曙，透纸黎光"。日铸雪芽经过张岱的改造后，名声渐大，改名为"兰雪茶"。不久之后，这"兰雪茶"就称雄茶市，一时间，茶饮者

① 据《汉书·郊祀志》载，汉武帝刘彻好祭祀神仙，晚年为求长生不老，下御令在都城长安建章宫内，铸造铜人，美其名曰"仙人"，手托铜盘，承接露水，誉名"仙露"。因受阴阳说的影响，所以，汉武帝刘彻认为饮服"仙露"，可止住阴气，永生阳气，即可长生不老。

把品兰雪茶视为一种身份和时尚。就这样，张岱把安徽的松萝茶打压下去了。"乃近日徽歙间松萝亦名兰雪，向以松萝名者，封面系换，则又奇矣。"为了生存，安徽的松萝茶也冒充"兰雪"了，让张岱都觉得不可思议。

张岱也常与茶友共同品鉴，若无极端天气和万不得已的大事发生，必然会到茶友家中共同品茶焚香。当时绍兴有许多家茶馆，对于其中的佼佼者，张岱也不吝赞美。张岱为一家特别喜欢的茶馆取名"露兄"，取米芾"茶甘露有兄"，甚至为一家茶馆写过一篇《斗茶檄》，也见于《陶庵梦忆》卷八中，曰："八功德水，无过甘滑香洁清凉；七家常事，不管柴米油盐酱醋。一日何可少此，子猷竹庶可齐名；七碗吃不得了，卢仝茶不算知味。一壶挥麈，用畅清谈；半榻焚香，共期白醉。"这可吸引了不少江南市井名士常常光临此地，共品茗茶。

张岱对茶的痴情不限于品茶、制茶，《陶庵梦忆》卷三还记录了一件趣事。张岱听说南京地区有一位精于茶道的闵汶水，便专程从绍兴赶过去，船一靠岸就兴冲冲去了闵先生的住所——桃叶渡，一直等到黄昏时分，好不容易看到了一个婆娑老人缓缓而归。没说几句话，老人突然想起些什么，说：我的手杖好像忘在了什么地方，然后匆匆离去。过了很久回来一看，张岱竟还没离去，一直在等他回来。张岱说：闵老先生的茶，晚辈慕名已久。闵汶水有意考验张岱，迅速煮好茶，成色精良，香气逼人。

张岱赞不绝口，忙询问产地。老人说：这是四川阆苑产的茶。张岱反驳道：味道不像，是阆苑的制法而已。老人笑笑问道：知道这茶的产地是哪里？张岱品后说，出产自罗岕。老人连呼"奇！奇！"之后，又让他分辨水源、产茶时间，张岱无不准确应答，闵老先生不得不感叹道："予年七十，精赏鉴者，无客比。"此后便把张岱视为知己，结为至交。

"喜啖方物"

张岱喜欢以"老饕"自称，年轻时曾到天南海北遍尝山珍海味。他在《陶庵梦忆》卷四《方物》中一开头便说"越中清馋，无过余者，喜啖方物"，更是对曾经品尝过的美味如数家珍，列举了南北各地著名方物五十七种，北至北京，南至福建，有腌腊、蜜饯，还有新鲜的鱼蟹、蔬菜、水果，可以说是见多识广。面对这样丰富的美食还能分辨清各地特色，必然仰赖于家财富饶和一定程度的美食知识，张岱回忆起往昔时光仿若历历在目：

北京则苹婆果、黄鼠、马牙松；山东则羊肚菜、秋白梨、文官果、甜子；福建则福橘、福橘饼、牛皮糖、红腐乳；江西则青根、丰城脯；山西则天花菜；苏州则带骨鲍螺、山查丁、山查糕、松子糖、白圆、橄榄脯；嘉兴则马交鱼脯、

陶庄黄雀；南京则套樱桃、桃门枣、地栗团、窝笋团、山查
糖；杭州则西瓜、鸡豆子、花下藕、韭芽、玄笋、塘栖蜜橘；
萧山则杨梅、莼菜、鸠鸟、青鲫、方柿……

在他列举的这些食物之中，萧山的莼菜、鸠鸟、青鲫和方
柿都有相关的制作方法：莼菜产自湖湘，多长在萍藻之间，不易
辨认，春时采摘，煮沸后食用口感柔滑；鸠鸟以野果、谷子为
食，秋季最肥，卤烧之后下酒极佳；青鲫由于春季产子，肉质不
肥，因此冬天用"弹钓"捕捉食用最佳，清蒸后配上生姜黄酒，
加酱油调味，新鲜肥美。关于方柿去涩的保鲜方法，张岱在《陶
庵梦忆》卷七《鹿苑寺方柿》中有所记述。张岱为躲避铁骑到
西白山鹿苑寺时，正是六月时节，寺庙前后生长着十数株方柿
树。树上结着的柿子大如瓜，张岱摘下一颗，放入口中品尝，
觉得十分生脆，就是有些涩。当地人就想了一个办法，用桑叶
煎一锅汤水，放冷后加入少许盐，放在瓮中，将柿子浸没于其中，
间隔两个晚上后食用，味道鲜美还去除了生涩的口感。

明中晚期，人们对于饮食特别注重，对食补食养观念的共
同期许让当时士人为了吃聚集在一起，由此江南文人的"蟹会"
就颇为壮观。在张岱眼中，河蟹这种食品是不需要加入盐醋仍
五味俱全的食物。《陶庵梦忆》卷八说，待到十月，秋收的稻粱
都长到了最丰腴的时候，蟹"壳如盘大，坟起，而紫螯巨如拳，

小脚肉出，油油如蚬蜒。掀其壳，膏腻堆积，如玉脂珀屑，团结不散"，个头大、肉质紧密，堪称上品。因此，每到十月，张岱便与友人组成"蟹会"，共同享受这人间美味。

不难想象"蟹会"的景象：每一人分得六只蟹，从午后便拿着"蟹八件"之类的工具细细把蟹肉剔出来，担心六只蟹过于冷腥，便轮番煮着吃，边吃边谈些市井轶事，风雅诗画。江南名士文人聚会也不只吃蟹，还有许多当地特色美食为辅助：有肥腊鸭、牛乳酪、如琥珀的醉蚶、用鸭汁煮的白菜……再饮上几口玉壶冰，吃些余杭的粳白米饭，可以说这顿"蟹会"是色香味俱佳的精品之宴。酒肉饭菜之外，还有水果——谢橘、风栗、风菱，清爽可口解油腻。连吃蟹后去腥漱口都有讲究，张岱拿出了他自创并在浙江一带风靡的兰雪茶，供友人兄弟结束这顿美味佳肴。

由此也不难想象以张岱为代表的中晚明缙绅士大夫的日常生活，他们精致的生活方式和风雅的兴趣爱好，融合了不同地域的社会风俗，引领着社会各阶层的生活风尚，也潜移默化地改变着市民阶层的生活品质与生活情趣。

遗民之泪

如果故事到 1645 年就结束，那张岱的一生可以说是享尽荣华富贵的幸福人生。但国破家亡后的种种境遇，更进一步地丰富了张岱的生命厚度，也让这个"纨绔子弟"在历史中留下的形象更为真实和复杂，他也不仅仅是一个会品尝、详记述、会创制的美食家——他的苦难与回忆让这种美更显得难能可贵了。

当国破家亡时，张岱有痛恨，有怯懦，有尚未完成的立言之志。他目睹慷慨之士激愤而亡，想追随效仿，但为完成《石匮书》，"尚视息人世"。与前半生的繁华热闹不同，晚年他住在了远离人迹的山村乡野，所剩下的不过"破床碎几，折鼎病琴，与残书数帙，缺砚一方"（《自为墓志铭》），过着布衣蔬食的生活。在他看来，那些过去的精彩故事不过是劳碌半生，皆成梦幻。

因此，《陶庵梦忆》中记述的那些精彩越丰富、越详细，他的感受就越沉痛：写"蟹会"之景后，觉得"酒醉饭饱，惭愧惭愧"；盘点《方物》时，看到的是今日今时"寸寸割裂"，钱塘江难渡的山河破碎。

在《陶庵梦忆》之外，他还写了一部《老饕集》食谱。在《老饕集序》中他写下了自编食谱的原因——当时各式各样的

张岱《石匮书》

食谱、食单烹饪方法乱七八糟，佐食香料添加过多，掩盖了食物本来的味道。这些做法，张岱斥之为"矫强造作"，罪同将食物生吞活剥。张岱还在《夜航船》中列举了许多不同种类的食物，详细描述它们的源流和做法。此外，他作有多首咏方物诗，所咏之物有金华火腿、河北苹果、徽州皮蛋、杭州河蟹、余姚杨梅等，虽写的是平常之物，但仍不失风雅。这在遗民泪水中，成了明日黄花。

　　饮食是社会生活的写照。张岱的知识结构就是明清的一幅"风俗画"，逼真地反映了当时南方商品经济的活跃以及社会的开放程度。江南城镇集市贸易非常繁荣，人心思安，农业、手工业和商品贸易都首屈一指。宋代经济重心已南移，南方人口激增，农业生产大幅度增长，纺织、造船、造纸等手工业门类反映出高超的水准，这些给市民生活带来了元气。明朝的商品经济更是活跃，不少学者认为这一时期出现了资本主义萌芽。物产的繁荣直接影响到这一历史时期的上层建筑，以张岱为代表的知识分子的精致生活就是历史的产物。正是他"食不厌精、脍不厌细"的饮食态度，让他能够有如此之多对于食物的记述，脑海中"穿衣吃饭即是人伦物理"（李贽语）的观念，让他在忆"梦"时刻画下那些细枝末节，如此才在文人、史家、明朝遗民之外，让我们看到一个"老饕"张岱，让清雅小品透露着历史的冷峻与苍凉，使今人更加珍惜现在的生活。

第十二章

饮馔·李渔·闲情

学国画的人，对《芥子园画谱》不会陌生。由清代学者李渔主编并亲自作序，由李渔的女婿沈因伯搜集整理的《芥子园画传（谱）》自出版三百多年以来，不断拓展出新，历来被世人所推崇，为世人学画必修之书。近现代的一些画坛名家如黄宾虹、齐白石、潘天寿、傅抱石等，都把《芥子园画谱》作为进修的范本。

　　李渔（1611—1680），号笠翁，金华兰溪（今属浙江省）人，生于南直隶雉皋（今江苏省如皋市）。明末清初文学家、戏剧家、戏剧理论家、美学家。素有才子之誉，世称"李十郎"。顺治八年（1651），迁居杭州，后移家金陵（今江苏省南京市），筑"芥子园"别业，并开设书铺，编刻图籍，广交达官贵人、文坛名流。康熙十六年（1677），复归杭州，康熙十九年（1680）病逝。李渔曾设家戏班，至各地演出，从而积累了丰富的戏曲创作、演出经验，成为休闲文化的倡导者。他一生著述五百多万字。

其论著《闲情偶寄》，包括词曲、演习、声容、居室、器玩、饮馔、种植、颐养等八部，下设二百多个小题，论及戏剧创作、昆曲表演、歌唱技巧、化妆修饰、园林修造、家居摆设、古玩家具、饮食烹饪、养花植草、修身养性等多个方面，是一部中国文化史上少见的综合性的寄情之书。李渔在写给礼部尚书龚鼎孳的信中说："庙堂智虑，百无一能；泉石经纶，则绰有余裕。惜乎不得自展，而人又不能用之。他年赍志以没，俾造物虚生此人，亦古今一大恨事。故不得已而著为《闲情偶寄》一书，托之空言，稍舒蓄积。"由此可见，在李渔心中，《闲情偶寄》是可以托于后世，流传久远之书。这对中国古代艺术，尤其是戏曲理论有较大的丰富和发展。

李渔不仅是休闲文化的领军人物，也是美食家。他不但喜欢品尝，而且还善于烹饪。他的口味迥异于常人，《闲情偶寄·饮馔部》中将饮食分为蔬食、谷食、肉食三节，分类进行深入探讨。他主张蔬食为上，肉食次之。李渔认为，蔬菜能"渐近自然"，而且味道鲜美："声音之道，丝不如竹，竹不如肉，为其渐近自然。

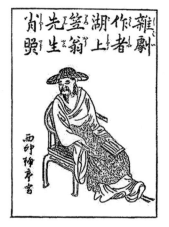

李渔像，画者不详，出自［日］铜脉先生（畠中赖母）著《唐士奇谈》［日宽政二年（1790）出版］

吾谓饮食之道，脍不如肉，肉不如蔬，亦以其渐近自然也。"另外，李渔崇尚节俭，常对人讲："食之养人，全赖五谷。"无论在杭州还是南京，他都会亲自下厨房。水果尤其是李渔的爱物，春天上市的樱桃，夏天的枇杷、桃子、杨梅，秋天的橘子、梨子、葡萄，冬天的苹果，他总是按季品尝。只是从前初到杭州的时候，由于经济上极度拮据，他才不得不有所收敛。随着后来经济逐步好转，他的这些癖好又渐渐恢复了。

此蔬食中第一品也

李渔有一个很大的优点，他虽然是一个南方人，但是他并不挑食。一般说来，南方人的食味比较清淡，而北方人则口重。李渔不管这一套，好吃的都喜欢，而且有心得。李渔经常长时间伏案写作，过于清淡的食物无法引起他的食欲，口味浓烈的食物才能得到他的青睐。

李渔的早餐通常吃面条，但他的面条不是买来的，这种面条市场上也买不到，是李渔本人发明，由他的厨师专门为他炮制的。李渔的面条是这样制作的：首先，精心选择原料，除了上好的白面，还有香菇、芝麻、竹笋、肉末、虾、酱等。然后，把这些食材剁成极细的茸状，兑上水，和上面，擀薄，切细，这就可以下锅煮了。李渔吃面时的面汤也是特别配制的，其中最常用的是清水煮竹笋后留下的鲜汁。《闲情偶寄·饮馔部·笋》言：“庖人之善治具者，凡有煿笋之汤，悉留不去，每作一馔，必以和之。食者但知他物之鲜，而不知有所以鲜之者在也。”会做菜的厨师，只要有烧笋的汤，都留着，每做一个菜都拿来调味。吃的人只是觉得很鲜，而不知道鲜的原因。这种面条和普通的面条相比，不但营养丰富，味道鲜美，而且口感柔韧，经得起咀嚼，越嚼越香。

　　蔬菜中他尤其喜欢笋。《闲情偶寄·饮馔部·笋》言：“论蔬食之美者，曰清，曰洁，曰芳馥，曰松脆而已矣。不知其至美所在，能居肉食之上者，忝在一字之鲜。”要讲究蔬菜的美味，就是清淡、干净、芳香、松脆这几样。人们不知素食的美味是在肉食之上，勉强用鲜这个字来表达。他说：“此种供奉，惟山僧野老，躬治园圃者，得以有之，城市之人，向卖菜佣求活者，不得与焉。”别的蔬菜，不论城市山林，大凡住宅旁有菜圃，想吃就摘，摘了就做，也能时不时有吃到美食的快乐。“至于笋之一物，则断断宜在山林，城市所产者，任尔芳鲜，终是笋之剩义。此蔬食中第一品也，肥羊嫩豕，何足比肩？”若说笋这种东西，就只能是出自山林的才好，城市里所出产的，那是人工种植的，没有山中的灵气，再怎么芳香鲜美，都只是笋的次品。这是蔬菜中最美味的，肥羊乳猪，怎能相比？如果你将笋肉齐烹，合盛一盏，那么有人会“止食笋而遗肉，则肉为鱼而笋为熊掌可知矣"。人们购于市中的笋都这样，"况山中之旋掘者乎"？那些带着山中灵气的笋，更好吃。

吃笋的方法有很多种，不能全部记录，可以用两句话概括："素宜白水，荤用肥猪。"吃斋的素食主义者食笋，若以他物添加，往往用香油，那么"陈味夺鲜，而笋之真趣没矣"。他建议，白煮笋，等熟了，略加酱油。"从来至美之物，皆利于孤行，此类是也。"如果用笋烹饪荤物，那么牛羊鸡鸭等物，皆非所宜。用什么呢？他认为只能用猪肉，尤其是肥肉。"肥非欲其腻也，肉之肥者能甘，甘味入笋，则不见其甘，但觉其鲜之至也。""烹之既熟，肥肉尽当去之，即汁亦不宜多存，存其半而益以清汤。"他不是喜欢肥肉的油腻，而是肥肉能有甘甜气，烹煮熟了之后，肥肉都应该挑出不要，肉汁亦不宜多存，存其半，加入清汤。调和之物，只有醋与酒。这就是制作荤笋的大概步骤。以上的做法是他最钟爱的。当然，李渔也说，笋作为食材，不只是孤行，也可以与其他食材并用，各见其美，无论荤素，皆可用作调和之物。

"菜中之笋，与药中之甘草，同是必需之物，有此则诸味皆鲜。"蔬菜中的笋就像中药的甘草一样，都是必需的东西，有了这样东西就什么食物都很鲜，只是不应用它的渣滓，而用它的汁液，李渔称之为精液。他又说："《本草》中所载诸食物，益人者不尽可口，可口者未必益人，求能两擅其长者，莫过于此。东坡云：'宁可食无肉，不可居无竹。无肉令人瘦，无竹令人俗。'

不知能医俗者，亦能医瘦，但有已成竹未成竹之分耳。"《本草纲目》中记载的这么多食物，对人有好处的不一定可口，可口的不一定对人有好处。想要两全其美，没有比笋更好的了。苏东坡说："宁可食无肉，不可居无竹。无肉令人瘦，无竹令人俗。"却不晓得能医俗病的东西也能够医瘦病，只是有成竹和未成竹的分别。

以蟹为命

李渔最期待的，是每年的秋季。他说，自己对于饮食的美味，没有一样不能说的，没有一样谈起来不是穷尽想象，描述得淋漓尽致的。只有蟹，心里很喜欢，吃起来也很好吃，而且终身也忘不了。《闲情偶寄·饮馔部·蟹》言："至其可嗜可甘与不可忘之故，则绝口不能形容之。"它之所以好吃和不能忘却的缘故，李渔坦言一字也说不出。秋季是收获的季节，果香鱼肥，新米入仓，这一切都使李渔兴奋。不过，列入他的食谱重点的却是价格昂贵的螃蟹。"此一事一物也者，在我则为饮食中之痴情，在彼则为天地间之怪物矣。予嗜此一生。每岁于蟹之未出时，即储钱以待，因家人笑予以蟹为命，即自呼其钱为买命钱。"每到秋天，李渔精打细算，总要从日常预算中拨出一部分银两，作为他吃蟹专用，雷打不动，这是续命啊。此后，在有螃蟹上市的两个多月里，他每日必食，从不间断，一直到寒冬来临，螃蟹从市场上彻底消失才罢休。螃蟹在饭桌上出现的第一天就成了李渔个人的一个盛大节日，他兴奋得神采飞扬，大快朵颐。他说，从刚开始上市到不再上市为止，自己没有一天不吃。朋友知道他爱吃螃蟹，都在这个时候请他去吃。他就把九月、十月称为"蟹秋"。"虑其易尽而难继，又命家人涤瓮酿酒，以备糟之醉之之用。"他担心吃完了接不上，就让家人洗瓮酿酒，以便将螃蟹腌制起来。糟叫作"蟹糟"，酒叫作"蟹酒"，而瓮就叫作"蟹瓮"。他以前有个丫鬟，勤于腌制螃蟹，他就给她改名叫作"蟹奴"。

他甚至大发感慨：螃蟹啊！你跟我是要相伴一生吗？不能为你增光的是，不能到有螃蟹而没有"监州"长官的地方当地方官，用俸禄买来大吃，只能用口袋里那点钱来买，就算一天买上百筐，除了请客之外，跟家中五十口人分着吃（他家人口真不少），我吃到肚子里的又能有多少啊！"蟹乎！蟹乎！吾终有愧于汝矣。"螃蟹啊，我终究是对你有愧！

他主张，世界上的好东西，都适宜于单吃。蟹为物至美，然而其味坏于吃它的人。此皆类似于嫉妒蟹的多味和美观，多方蹂躏，使之泄气、变形。"世间好物，利在孤行。""以之为羹者，鲜则鲜矣，而蟹之美质何在？以之为脍者，腻则腻矣，而蟹之真味不存。更可厌者，断为两截，和以油、盐、豆粉而煎之，使蟹之色、蟹之香与蟹之真味全失。"螃蟹鲜而肥、甘美而腻，白如玉黄如金，已经是色香味都到顶点了，再没有什么能比得过，用别的东西来给螃蟹增味，"犹之以爝火助日，掬水益河"，就像用火把来为阳光增色，捧一捧水想让河流上涨一样，那不是太难了吗？宴会上，如果实在不得已而做羹汤，也不当掺和他物，"惟以煮鸡鹅之汁为汤，去其油腻可也"。

　　螃蟹的烹饪方法也是多种多样的，有蟹黄鱼翅、蟹黄肉包、雪花蟹斗、清蒸大蟹等。为了更好地领略各种烹蟹的风味，李渔还专门雇用了一名擅长炮制各种风味螃蟹的厨师。这名厨师的主要职责就是向李渔提供花样翻新的烹蟹技艺和服务。他说，凡是吃别的东西，都可以让别人代劳，只有螃蟹、瓜子和菱角三种必须自己动手，即剥即吃才有味道，等别人剥了才吃，不只是味同嚼蜡，"且似不成其为蟹与瓜子、菱角，而别是一物者"，既然不成其为螃蟹、瓜子和菱角，那吃它干吗呢。"此与好香必须自焚，好茶必须自斟，僮仆虽多，不能任其力者，同出一理。"

　　从瓮中取出腌制的醉蟹，"最忌用灯"，灯光一照，则满瓮都是沙，这是人人皆知的忌讳。他有办法，可以"任照不忌"。"初醉之时，不论昼夜，俱点油灯一盏，照之入瓮"，这样螃蟹与灯光相习，两不相忌，"任凭照取，永无变沙之患矣"。这可能也不是李渔的首创，而是老百姓积累的生活经验。

　　不过，令人奇怪的是，李渔对于人们同样十分喜爱的一种食物甲鱼却抱有偏见，"食多则觉口燥，殊不可解"。他的这种偏见还救了他一命。一位邻居网获一只巨大的甲鱼，大宴众宾，却导致多人食物中毒而死。李渔因为不爱吃甲鱼而未受邀，得免一死。

"王道本乎人情"

《闲情偶寄》的价值何在？林语堂《人生的乐趣》中说："在李笠翁（十七世纪）的著作中，有一个重要部分专门研究生活的乐趣，是中国人生活艺术的袖珍指南……这个享乐主义的戏剧家和伟大的喜剧诗人，写出了自己心中之言。"就中国而言，由于有了中国的人文主义精神，把人当作一切事物的中心，把人类幸福当作一切知识的终结，于是，强调生活的艺术就是极为自然的事情了。这一点，《闲情偶寄》余怀的序说得很明白。

这个叫余怀的人说，古时候有本书叫《周礼》，是主张儒家的王道的，上自井田军国之大，下至酒食衣屦之细，无不纤悉具备，位置得当，突显了"王道本乎人情"。然而王莽一用之于汉而败[①]，王安石再用之于宋而又败[②]，两次历史上的教训，其故

---

① 王莽信儒家的古文经，全用儒生，刻板地执行《周礼》，导致政权大崩溃。
② 王安石变法，也用《周礼》进行改革，自己又加了很多按语，结果宋神宗死后人亡政息，陷入三十年的党争，北宋终被金人所灭。

何哉？"盖以莽与安石皆不近人情之人"，用《周礼》固败，不用《周礼》亦败。《周礼》不幸为两人所用，是用《周礼》之过，而非《周礼》之过。凡事之不近人情的，很少不出大麻烦。古今大功业、真文章，"总不出人情之外"，在人情之外者，不是鬼神荒忽虚诞之事，就是光怪陆离之辞，其切于男女饮食日用平常者，就很少了。余怀说他"读李子笠翁《闲情偶寄》"，深有感发。今李子《闲情偶寄》一书，透露着浓浓的人情味，"事在耳目之内，思出风云之表，前人所欲发而未竟发者，李子尽发之；今人所欲言而不能言者，李子尽言之"。

余怀说，"世之腐儒"会说李渔不为经国之大业，而为"破道之小言"，他说不是这样的。余怀讲了几个故事。东晋的谢玄高卧东山而心系天下百姓，他每次出游都必定携带歌伎，居家就必下围棋。谢玄攻打贼人，桓冲最初有些担忧，郗超说："玄必能破贼。吾尝共事桓公府，履屐间皆得其用，是以知之。"郗超的意思是，谢玄一定能攻破敌人，我曾经与他一起在桓公府做事，他连鞋这样的小物件都能充分发挥其作用，所以我知道他一定能行。白居易气度潇洒、心胸开阔，被世人钦佩，但他却惊叹谢好、陈结、紫绡、菱角表演的霓裳羽衣曲。担任刑部侍郎被罢官时，得到一些通晓乐器弹唱的奴婢，他从中挑选了一百个回乡。苏轼持心刚正，不故意有别于人，不随便迁就于人，却爱听琴操、朝云的弹唱，每次听到清亮的歌声，都大声感叹怎么唱得这么好。韩愈驱除鳄鱼，为朝廷百官作了表率，但每当宾客集会时，就让两个侍女出来一起弹琵琶、古筝。所以古往今来能建立伟大功勋、写出真正好文章的人，必定有超世绝俗的情怀、洒脱卓异的韵致，像谢玄等先生那样。"今李子以雅淡之才，巧妙之思，经营惨淡，缔造周详，即经国之大业，何遽不在？"这难道是不入正统的琐屑言词吗？

李渔的思想，和明中叶以后的社会氛围是合拍的。那时工商业不断发展，城市经济日益繁荣，在苏州、松江、杭州等江南地区，独立的手工业工场大量涌现。在这种形势下，人们的思想观念和文化消费方式开始有所变化。尤其是，有人弱化对理学的追求，而更重视现实生活，更重物质享受。文人士大夫把日常生活艺术化了，以为能够清闲地享受生活才对得起自己的人生。民歌、戏剧、小说等"闲书"受到广泛欢迎，传播很快；人们讲究吃喝穿戴，十分注重穿着打扮，喜欢穿设计奇特、与众不同的服饰。在《闲情偶寄·颐养部·行乐》中李渔说：伤心啊！造物主造出人来活在这个世界上的时间还不足一百年。那些年幼时就夭折了的暂且不说，就说那些能够延年益寿活到一百年的人，即使一百年中天天寻欢作乐，也不是时光无限没个尽头，终究会有结束的时候。何况人生百年，有无数的"忧愁困苦、疾病颠连、名缰利锁、惊风骇浪"，阻止人快乐地生活，"使徒有百岁之虚名，并无一岁二岁享生人应有之福之实际乎"！

即使能活一百岁，实际上却并没有一两年的时间真正享有人生
应该享有的福气。

　　他的创作为的是"砚田糊口"，而且亲自经营印刷业。他说：
"觅应得之利，谋有道之生，即是人间大隐。"他以他所掌握的
享乐技巧，帮助达官贵人享乐，从而得到一点报酬，并以此为生。
《闲情偶寄》就是他的关于享受生活的总结，并且是在这一社会
背景下的商品化产物。

　　《闲情偶寄》出版后①，李渔马上将还在散发着油墨香的几
十册新书寄赠给了老朋友。不久，他就陆续收到了来信，高官
陈学山对李渔如此坦率地公开自己的毕生研究成果感到惋惜和
不解。的确，这句话说到了李渔的心坎里。对此，李渔不是没
有犹豫过，发表《闲情偶寄》无疑与今天泄露专利技术差不多。
但是，他认为自己已经是年迈的老人了，时间和经济条件都不
允许他保留这些"技术"。他相信，《闲情偶寄》一出版，就会
成为畅销书。这是他衣食所安的基础，也是中华文化中带有人
情味的精致构成。

––––––––––––––––––––

① 　康熙十年（1671）刊刻，以翼圣堂的名义发行海内时，李渔已是花甲之年。

第十三章

鱼米·郑板桥·州县吏

清代名士郑板桥，有一首很有生活情味的诗，叫《渔家》：

　　卖得鲜鱼二百钱，籴粮炊饭放归船。
　　拔来湿苇烧难着，晒在垂杨古岸边。

　　将鲜鱼卖了二百文钱，换了米粮，停好了船，准备做饭。可是拔来的芦苇却是湿的，很难点着，于是只好先晒在种有垂杨的古岸边。靠山吃山，靠海吃海。渔民吃海鲜，天经地义，就像农家吃田园瓜果一样，基本上都是不要钱的。他们吃的海鲜都是自己从海里捞上来的，在我们眼中很珍贵的海鲜，对于他们来说，是家常便饭。然而，渔民也得买米啊。"卖得鲜鱼二百钱"所描绘的画面是，渔夫卖鱼后在数钱，一大堆鱼，风里浪里，才换得这一点钱。鸦片战争前，一两白银可以换一吊钱，也就是一千文钱。《红楼梦》里刘姥姥看到贾

郑板桥像，画像者不详，清代方
士庶补景，北京故宫博物院藏

府上下一餐螃蟹二十四两银子，感叹说小户人家可以过一年了。"二百钱"并不是大钱，但对于渔夫很重要。微薄的收入，表现出渔人的心绪，每一文钱都不是白来的。"籴粮炊饭放归船"，是说渔人放船归家，船头炊烟袅袅；"炊饭"一语点出了渔人等米下锅的生活，打鱼的是他，烧饭的也是他。贫贱之家百事哀，"拔来湿苇烧难着，晒在垂杨古岸边"，一家子全靠他，可是芦苇是湿的，怎么能点燃呢？水乡泽国，只能如此，饥肠辘辘等着芦苇晒干，糊口不容易。《渔家》描写的是一幅渔民平日的生活场景，郑板桥是一位画家，这首诗很有画面感。通过这四句诗，将渔民有些艰难又有些悠闲的生活场景呈现出来。

"一枝一叶总关情"

清风傲骨的郑板桥（1693—1766），家喻户晓。他原名郑燮，字克柔，号理庵，又号板桥，人称板桥先生。江苏兴化人，祖籍苏州。康熙五十二年（1713）秀才，雍正十年（1732）举人，乾隆元年（1736）进士。官山东范县（今属河南）、潍县县令，政绩显著。乾隆十八年（1753），郑板桥辞去山东潍县县令一职，回到了他的家乡江苏兴化。这一年，郑板桥60岁。《清史列传·文苑传》记载，郑板桥"以请赈忤大吏，乞疾归"。说是当时潍县出了灾荒，郑板桥请求赈灾，打开官家粮仓救济百姓。有人劝阻他，让他向上级请示，但郑板桥说，都什么时候了，如果请示，等得到批准，老百姓就剩不下几个了。上级有什么责罚，就由我来承担。于是开仓放粮。但因此忤触了"大吏"，于是就称病辞官了。郑板桥辞官的时候，还把百姓欠他的借据全都烧了。他曾赋诗一首，据说是给他的上司山东巡抚，诗中这样写道："衙斋卧听萧萧竹，疑是民间疾苦声。些小吾曹州县吏，一枝一叶总关情。"①《清史列传》中说，郑板桥"官山东省先后十二载，无留牍，亦无冤民"。因此，郑板桥辞官后，潍县的百姓给他建了生祠以奉祀。郑板桥确实做到了"得志，

---

① 《潍县署中画竹呈年伯包大中丞括》。

潍县署中画竹呈年伯包大中丞括，
清代郑板桥画

泽加于民"(《孟子·尽心上》)。一般人进士出身，仕途中小心翼翼，不说位列九卿，也是封疆大吏。然而，这不是郑板桥想要的。

他是有良知的士大夫，同情下层人民，对渔民如此，对手下人也如此。郑板桥还在潍县做县令时，有一封给弟弟的家书《潍县署中与舍弟墨第二书》，写道：

> 家人儿女，总是天地间一般人，当一般爱惜也，不可使吾儿凌虐他。凡鱼飧果饼，宜均分散给，大家欢嬉跳跃。若吾儿坐食好物，令家人子远立而望，不得一沾唇齿，其父母见而怜之，无可如何，呼之使去，岂非割心剜肉乎！

这里所说的"家人"指的是仆人，奴随主姓。郑板桥有仁慈之心，推己及人，打破陈规陋习，不讲主奴尊卑那一套。这是他心地善良的写照。

"几忘此身在官"

郑板桥好酒，性情中人。郑板桥在范县、潍县做县令时，几乎每日公事完毕后都在县衙后宅里饮酒。而且他喜欢边喝酒边唱歌，有时还逮什么敲什么，声音大得不得了，甚至在县衙外的大街上都听得到。每当此时，路过的人们便知道是郑县令又喝上了。夫人屡屡规劝于他，郑板桥倒也能听进去，会稍稍收敛些，可是过几天依然故我。夫人知道他是个不喝酒便活不下去的人，后来也就随他了。在《潍县署中寄李复堂》一文中，郑板桥这样叙述道：

> 作宰山东，忽忽八年，余兹簿书鞅掌，案牍劳形，忙里偷闲，坐衙斋中，置酒壶，具蔬碟，摊《离骚经》一卷，且饮且读，悠悠然神怡志得，几忘此身在官。

板桥先生并非那种滥酒使性之人，他搞点下酒小菜，边喝酒边读书，读到痛快兴奋时，便高声吟唱，或者敲桌叩凳，全然忘了自己是个官了。这篇文章中他写道："燮爱酒，好谩骂人，不知何故，历久而不能改。在范县时，尝受姚太守之告诫，谓世间只有狂生狂士而无狂官，板桥苟能自家改变性情，不失为一个循良之吏，且不一定屈于下位，作宰到底也。姚太守爱我甚挚，其言甚善，巴望板桥上进之心，昭然可见。余也何德，乃蒙太守如此加爱。但是板桥肚里曾打算过，使酒骂人，本来不是好事，欲图上进，除非戒酒闭口，前程荡荡，达亦何难。心所不甘者，为了求官之故，有酒不饮，有口不言，自加桎梏，自抑性情，与墟墓中之陈死人何异乎？"郑板桥不愿意做个"陈死人"，做了县令之后，依然是快人快语，"宁可乌纱不戴，不可一日无酒"（其实喝什么不重要，重要的是跟谁喝），他遮掩不住内心的压抑。他参加过卢雅雨举办的"红桥修禊"，写下"张筵赌酒还通夕，策马登山直到巅"[1]的诗句。他还书写苏轼的话：

> 江边弄水挑菜，便过一日。若圣恩许假南归，得款段一仆与子众丈、杨宗文之流，往来瑞草桥，夜还何村，与君对坐庄门，吃瓜子炒豆，此乐竟何极也。岭海八年，亲友旷绝，亦未尝关念，独念吾元章。迈往凌云之气，清雄绝世之文，超妙入神之字，何时一见之，以洗我胸中尘垢邪（耶）？今真见之，余复何言？[2]

这和苏轼的手札有字句的出入，有郑板桥的随意性；他借助

---

① 《再和卢雅雨四首》。
② 《节录苏轼尺牍二首》。

被贬黄州的苏轼之口，说出自己的心里话。

虽然当了十二年县令，此时的郑板桥却是华发萧萧，两袖清寒。且由于两个儿子均早夭，郑板桥回乡后无所依靠，后客居扬州，以卖画为生，为"扬州八怪"重要代表人物。郑板桥是进士出身，且曾经做过官，这么大的人物自己出来卖画，斯文扫地。可郑板桥却不像许多文人画家那样既想卖画而又耻于谈钱，而是一码归一码，有啥说啥。他很有意思，写了《板桥润格》，成为中国画家明码标价卖画的第一人：

　　大幅六两，中幅四两，小幅二两，条幅对联一两，扇子斗方五钱。凡送礼物食物，总不如白银为妙。公之所送，未必弟之所好也。送现银，则中心喜乐，书画皆佳。礼物既属纠缠，赊欠尤为赖账。年老神倦，亦不能陪诸君子作无益语言也。

《渔家》诗中渔民用鱼换钱，每一文钱历历在目，这样的生活，郑板桥并不陌生。

郑板桥在他的《题乱兰乱竹乱石与汪希林》中写道："掀天揭地之文，震电惊雷之字，呵神骂鬼之谈，无古无今之画，原不在寻常眼孔中也。"郑板桥为诗作画"不在寻常眼孔中"，其实就是走自己的路，说自己的话，写自己的字，画自己的画。

郑板桥一生只画兰、竹、石，自称"四时不谢之兰，百节长青之竹，万古不败之石，千秋不变之人"。其诗书画，世称"三绝"，是清代比较有代表性的文人画家。有人问他为什么这么爱竹，他总能说起竹子的不少好处来。不可否认，当年做了县令的他，选择画竹是为了贴补家用，毕竟作为一个大清官他确实一贫如洗。但他选择画竹最大的原因，是竹子没有花草的艳丽，只有一腔的正直。清代梁章钜的《楹联丛话》载，郑板桥辞官归田后，一日在家宴客，有李啸村者至，送来一联，观之出句，云：三绝诗书画。板桥曰："此难对。昔契丹使者以'三才天地人'属对，东坡对以'四诗风雅颂'，称为绝对。吾辈且共思之。"限对上后就食。久而未能，再启下联，曰：一官归去来。咸叹其妙。唐玄宗肃宗时，有诗人郑虔，诗书画皆工，时称"郑虔三绝"。上联以郑板桥比郑虔。又东晋陶潜，于彭泽令上挂冠归隐，作《归去来辞》，下联又以郑板桥比陶潜。两比皆为暗誉。"三绝诗书画，一官归去来"，是对郑板桥一生最好的概括。《渔家》一诗，写的是渔民，也是他自己。

"青菜萝卜糙米饭"

性情中人郑板桥，对饮食有自己独到的看法。饮食以返璞归真，清新鲜活为上，他主张"白菜腌菹，红盐煮豆，儒家风味孤清"①。他提倡田园清供之味，赞扬"江南大好秋蔬菜，紫笋红姜煮鲫鱼"②。他认为原料要就地取材，讲究鲜活，"卖取青钱沽酒得，乱摊荷叶摆鲜鱼"③。郑板桥的日常饮食返璞归真，他有一副非常有名的对联，"青菜萝卜糙米饭，瓦壶天水菊花茶"④。虽是粗茶淡饭，如能原汁原味，师法自然，也是佳品。郑板桥继承唐代诗人王维的传统，主张在青山绿水间品茗尝鲜，饮酒啜蔬，对坐长谈，不作应酬。

关于郑板桥，最著名的是难得糊涂的典故。他做了县官，亲身接触到社会的黑暗及民间疾苦，感到壮志难酬。一方面他对黑暗现实极度不满，嬉笑怒骂，揭露鞭挞；另一方面，也感到悲观失望，歧路彷徨，写下了著名的字幅"难得糊涂"。在郑板桥看来，由聪明转入糊涂比永远聪明要更难，所以才有此"难得糊涂"的感叹。他在给弟弟的家信中，将稻米煮成的稀粥称为"糊涂粥"，并很有兴致地谈了寒冬之晨食糊涂

① 《满庭芳·赠郭方仪》。
② 《闲居》。
③ 《由兴化迂曲至高邮七绝句（其二）》。
④ 《自撰厨房联》，《郑板桥全集》另作："白菜青盐粯子饭，瓦壶天水菊花茶"。款为"书似安石大哥，板桥郑燮"。编者补注："据兴化薛振国提供拓片。兴化郑家贵云：兴化竹泓郑燮设馆授徒之书房门上，有'青菜萝卜糙米饭，瓦壶天水菊花茶'对联。林苏门《邗江三百吟·板桥题画》有"瓦壶天水菊花茶"句。见卞孝萱、卞岐编：《郑板桥全集》卷六杂著"对联"，凤凰出版社，2012年，第196页。

粥的乐趣。他说："知新置田获秋稼五百斛，甚喜。而今而后，
堪为农夫以没世矣！……天寒冰冻时，穷亲戚朋友到门，先
泡一大碗炒米送手中，佐以酱姜一小碟，最是暖老温贫之具。
暇日咽碎米饼，煮糊涂粥，双手捧碗，缩颈而啜之，霜晨雪
早，得此周身俱暖。"[①]据说郑板桥出任潍县知县时，适逢当地
饥荒，便下令兴工役，招饥民赴工就食，又使当地大户人家
煮粥赈济饥民。乾隆二十二年（1757），郑板桥参加了两淮监
运使虞见曾主持的虹桥修禊，并结识了袁枚，互以诗句赠答。
袁枚深受其影响，在《随园食单》中亦以"糊涂"命名了一
款鸭肴，即"鸭糊涂"。

郑板桥在山东做官时，曾给李鱓写信，怀念扬州应时鲜
鱼佳蔬。他的《怀李三鱓》说："耕田便尔牵牛去，作画依然
弄笔来。一领破蓑云外挂，半张陈纸酒中裁。青春在眼童心热，
白发盈肩壮志灰。惟有莼鲈堪漫吃，下官亦为唻鱼回。"耕田、
作画，破蓑衣、陈纸，青春之心、肉体衰老，这就是郑板桥
的生活。但最让他倾心的，还是扬州的莼菜鲈鱼，值得回去
一趟。

李鱓（1686—1762），字宗扬，也是江苏兴化人。李鱓的
鱓字，有两种读法。一读为 tuó，同鼍，即扬子鳄（俗称猪婆龙），

---

① 《范县署中寄舍弟墨第四书》。

"神兽"也。据人回忆，昔日李鱓在临淄为县令时，人皆称之为李 tuó，士人相戒，切勿读错官讳。又一种读法，即 shàn，同鳝鱼之鳝。李鱓落拓江湖，多次题画署名为"鳝"，承认自己不过是江淮间一条普普通通的鳝鱼罢了。从鼍到鳝，从神兽到沦为一条其貌不扬的小鱼，是"两革功名一贬官"的坎坷命运使然，这种自嘲，反映了李鱓仕途失意的悲凉心境。

李鱓仕途坎坷，情况和郑板桥颇有相似之处。李鱓康熙五十年（1711）即 25 岁时中举，后以画技至清宫当内廷供奉。康熙皇帝指令他跟"正宗"派花鸟画家蒋廷锡学习花卉。李鱓不以学习蒋廷锡为满足，受石涛笔意启发，以破笔泼墨作画，突破了"正宗"派的框框，声名日大。但他遭到一批摹古画师的极力排斥，并以所谓抗拒规定题材和体裁的罪名而被解职。后来，李鱓以检选出任山东滕县知县，为政清简，体谅民情，被士民所尊敬。又因负才使气，玩世不恭，触犯了权贵，遂于乾隆五年（1740）罢官归里，流落扬州，过着卖画为生的凄凉生活。两次仕宦打击，使李鱓心灰意冷，寄情花鸟，以书画发泄其苦闷之情，但又不甘心宦途上的失败，常欲东山再起。而事与愿违。李鱓与郑板桥是同乡，又最为知己，结为至交。

据咸丰《重修兴化县志》引翁方纲为浮沤馆所作记："李复堂鱓因其地之幽僻，曾构楼阁数椽，缀以花草，以为退休之所，

赋诗作画，日与诸名士啸傲其间，号曰'浮沤馆'。"郑板桥知
道后非常羡慕，曾寄诗云："待买田庄然后归，此生无分到荆扉。
借君十亩堪栽秫，赁我三间好下帏。柳线软拖波细细，秧针青
惹燕飞飞。梦中长与先生会，草阁南津旧钓矶。"① 浮沤馆今在兴
化县城南门大街昭阳中学内。郑板桥期待的，不过是和同道中
人一起享用酒食，和同病相怜的朋友共度残生。

很多人或许会以为郑板桥是个清高文人，对于仕途不屑一
顾。其实不然。乾隆元年（1736），

节录苏轼尺牍二首，清代郑板桥书，辽宁省博物馆藏

在北京，郑板桥参加礼部会试，中贡士。五月，于太和殿前丹墀参加殿试，中二甲第八十八名进士，为赐进士出身，特作《秋葵石笋图》并题诗曰"我亦终葵称进士，相随丹桂状元郎"，喜悦之情溢于言表。乾隆十三年（1748），乾隆出巡山东，任命他为"书画史"，负责筹备布置天子登泰山的事情，为此郑板桥在泰山顶上忙活了四十多天。后来

① 《怀李三鱓》。

常以此自豪，并镌刻一枚印章，云"乾隆东封书画史"①。可见，郑板桥对于仕途还是很上心的，也从不掩饰这份上进心。郑板桥出身于书香门第，坚信"得志，泽加于民"。然而清朝没有这样的环境，郑板桥的一生，历经了坎坷，饱尝了酸甜苦辣，看透了世态炎凉，他敢于把这一切都糅进他的作品中。他的艺术作品除了体现独特技巧外，还被赋予新的思想内容和深邃意境，其花鸟画亦具有思想性、抒情性，给人以深刻的感受，别有一番情味。

① 他书画上常用的印有几个，比如"康熙秀才，雍正举人，乾隆进士""乾隆东封书画史""七品官耳"等，印文内容称得上是生平的纪实。

第十四章

口餐 · 袁枚 · 随园

袁枚（1716—1798），字子才，号简斋，晚年自号仓山居士、随园主人、随园老人。钱塘（今浙江杭州市）人，祖籍慈溪（今浙江慈溪市），清朝诗人、散文家、文学批评家和美食家。袁枚少有才名，少年得志，乾隆四年（1739），进士出身，授翰林院庶吉士①，可见他前途一片大好。乾隆七年（1742），外调江苏，先后于溧水、江宁、江浦、沭阳共任县令七年，为官勤谨颇有声望。但他看透清朝官场黑暗，无意吏禄。《清史稿·袁枚传》说他"卜筑江宁小仓山，号随园，崇饰池馆，自是优游其中者五十年。时出游佳山水，终不复仕"。乾隆十四年（1749），辞官隐居于南京小仓山随园，吟咏其中，广收弟子，女弟子尤其多。嘉庆三年（1798），袁枚去世，享年82岁，世称"随园先生"。

---

① 这一职位源自《尚书·立政》篇中"庶常吉士"，它是中国明、清两朝时翰林院内的短期职位，从通过科举考试中了进士的人当中选择有潜质者担任，为皇帝近臣，负责起草诏书，有为皇帝讲解经籍等责，为阁臣的重要来源。

袁枚像，清代陶浚宣画

"豆腐得味，远胜燕窝"

提到豆腐，人们除了想到汉朝的淮南王刘安，往往还会想到一个人，清朝的大学者袁枚。袁枚提倡吃豆腐，发明了豆腐的各种吃法，什么美味都可以入到豆腐里。《随园诗话》卷十三载：蒋赐棨（字戟门）道台设宴请袁枚饮酒，席间摆满了山珍海味，忽然蒋戟门问袁枚可曾吃过他亲自做的豆腐菜，并立即穿上厨师专用的犊鼻裙亲自下厨，过了好一会儿端上一盘豆腐，袁枚吃后觉得其他菜都不值得一提了。袁枚求教制法，蒋戟门说，古人不为五斗米折腰，你能为豆腐三折腰，我便告诉你。结果袁枚真的离席三揖到地。好友毛藻（字俟园）竟作诗调侃："珍味群推郇令庖^①，黎祈^②尤似易牙调^③。谁知解组陶元亮^④，为此曾经三折腰。"陶渊明不为五斗米折腰，袁枚为豆腐折腰，一时传为美谈。袁枚学得此法，回家后授予家厨，每每做出均得到客人交口称赞，袁枚不禁发出感叹，留下千古名句"豆腐得味，远胜燕窝；海菜不佳，不如蔬笋"。这话见于他的《随园食单·戒耳餐》。

他提出了一个词"耳餐"，就是用耳朵吃饭。这是怎么回事呢？"何谓耳餐？耳餐者，务名之谓也。贪贵物之名，夸敬客之意，是以耳餐，非口餐也。不知豆腐得味，远胜燕窝；海菜不佳，不如蔬笋。"他说，什么叫耳餐？耳餐是追求名声的意思。贪图贵重东西的名字，酒席宴间相互吹嘘、夸夸其谈，这是用耳朵"吃饭"，不是拿嘴吃饭啊。"豆腐得味，远胜燕窝；海菜不佳，不如蔬笋。"人们不知道，豆腐做得好，远胜燕窝；海味做不好，不如竹笋^⑤。"余尝谓鸡、猪、鱼、鸭，豪杰之士也，各有本味，自成一家；海参、燕窝，庸陋之人也，全无性情，寄人篱下。"他曾经

① 习凿齿的《襄阳记》说，汉末政治家荀彧，人称荀令君，他到别人家里坐过的席子好几天都有香味。后以留香荀令比喻美男子。
② 据说淮南王做成豆腐，豆腐一名黎祁（即诗中之"黎祈"）。
③ 易牙，春秋时代一位著名的厨师，也有写成狄牙的。他是齐桓公宠幸的近臣，是第一个运用调和之事操作烹饪的庖厨，好调味，善于做菜，也是佞臣，把自己的儿子烹给齐桓公吃。
④ 陶渊明，字元亮。解组是解绶，解下印绶，谓辞去官职。
⑤ 《随园食单》说："菜有荤素，犹衣有表里也。富贵之人，嗜素甚于嗜荤。作《素菜单》。"

认为鸡、猪、鱼、鸭是豪杰之士，各自有本味，自成一家；而海参、燕窝是浅陋的人，完全没有感情，就像寄人篱下的滋味。他讲了一个故事："尝见某太守宴客，大碗如缸，白煮燕窝四两，丝毫无味，人争夸之。余笑曰：'我辈来吃燕窝，非来贩燕窝也。'"曾经看到某太守请客，大碗像缸，白煮燕窝四两，丝毫没有味道，人们却争相夸耀。袁枚笑着说："我们是来吃燕窝，不是来贩卖燕窝的。"如果只是炫耀，不如碗中放明珠百粒，就价值万金了，那还吃啥呀？

袁枚曾著有《随园食单》一书，是我国饮馔食事中的一部重要著作。《清史稿·袁枚传》说他："上自公卿下至市井负贩，皆知其名。……然枚喜声色，其所作亦颇以滑易获世讥云。"说他名声很大，声震海内外，但也有人批评他的作品声色犬马，圆滑平易。

《随园食单》分为须知单、戒单、海鲜单、江鲜单、特牲单、杂牲单、羽族单、水族有鳞单、水族无鳞单、杂素菜单、小菜单、点心单、饭粥单和茶酒单十四个部分。"须知单"和"戒单"分别提出了饮食操作的要求和应当注意的事项。其余十二个部分记述了当时广为流传的三百二十六种菜肴饭点和美酒名茶。从南方到北方，从大菜到小吃，内容极为丰富，与豆腐相关的菜肴记载于"杂素菜单"中，有蒋侍郎豆腐、杨中丞豆腐、张恺豆腐、庆元豆腐、芙蓉豆腐、王太守八宝豆腐、程立万豆腐、冻豆腐、虾油豆腐、豆腐皮等。这是我国一部较为系统的述及烹饪技术和制作方法的重要著作，自乾隆年间问世以来，流传甚广。他的《随园食单》之《序》非常有意思：

　　诗人美周公而曰：笾豆有践。[1]恶凡伯而曰：彼疏斯稗[2]。古之于饮食也，若是重乎！他若《易》称鼎烹[3]，《书》称盐梅[4]，《乡党》《内则》琐琐言之。孟子虽贱饮食之人，而又言饥渴未能得饮食之正[5]。可见凡事须求一是处，都非易言（任何事物下结论都不容易）。

---

[1] 《诗经·国风·伐柯》："我觏之子，笾豆有践。"旧说在周公的治理下，国家管理得井井有条，礼仪有序，连宴会上食品的摆放都符合礼仪，用来装鲜果干果的"笾"，用来装肉食鱼鲜的"豆"，各自摆在指定的位置上，一丝不乱。用杯盘碗碟在餐桌上的陈列有序，来赞颂周公的治理有方。但现代学人多认为此说无甚根据，这只是一首迎亲的诗歌。

[2] 《诗经·大雅·召旻》："彼疏斯稗，胡不自替。"传为凡伯刺幽王所作，意思是明明只应该吃些糙米粗饭的诌媚小人，却在享用精米细粮，还不赶快让出你霸占着的高官厚禄，让贤明的人才来辅佐君王。

[3] 鼎卦，上离下巽，下火上木。

[4] 《尚书·兑命》中武丁对傅说讲的，比如做羹汤，你就是盐和梅。

[5] 《孟子·尽心上》中孟子说："饥者甘食，渴者甘饮，是未得饮食之正也，饥渴害之也。岂惟口腹有饥渴之害？人心亦皆有害。人能无以饥渴之害为心害，则不及人不为忧矣。"饥饿的人觉得任何食物都是美味的，干渴的人觉得任何饮料都是可口的。他们不能够尝出饮料和食物的正常滋味，是由于饥饿和干渴的妨害。难道只有嘴巴和肚子有饥饿和干渴的妨害吗？心灵也同样有妨害。一个人能够不让饥饿和干渴那样的妨害去妨害心灵，那就不会因为自己不及别人而忧虑了。

"执弟子之礼"

　　"每食于某氏而饱，必使家厨往彼灶觚，执弟子之礼。"每次袁枚都向人家拜师，把美食家的经验学来，"四十年来，颇集众美。"有学到手的，有十分中得六七的，有仅得二三的，也有最终失传的。"余都问其方略，集而存之。虽不甚省记，亦载某家某味，以志景行（仰慕之情）。……虽死法不足以限生厨，名手作书，亦多出入，未可专求之于故纸。然能率由旧章，终无大谬，临时治具，亦易指名（大概）。"像不像，做比成样。这就是他写书的目的。

　　"或曰：人心不同，各如其面。子能必天下之口，皆子之口乎？曰：执柯以伐柯，其则不远。吾虽不能强天下之口与吾同嗜，而姑且推己及物。则饮食虽微，而吾于忠恕之道则已尽矣，吾何憾哉！"不可能让天下人的口味都和自己一样，但我能把我的感受经验推广开来，让许多人和我一起分享，把儒家的推己及人的忠恕之道进行贯彻。可贵的是，袁枚提到，元明之际的学者陶宗仪《说郛》所载饮食之书三十余种，美食家眉公陈继儒、笠翁李渔也有一堆饮食记载，他"曾亲试之，皆阏（阻塞）于鼻而蜇（刺激）于口，大半陋儒附会，吾无取焉"。他这种实践精神，非常可贵，不是大美食家、掌故达人干不出来。

　　比如光一个豆腐，袁枚就记载了一大堆做法，杂素菜单竟收录豆腐菜肴达十种之多，如其中王太守八宝豆腐还曾是宫中大内御用之品。"芙蓉豆腐：用腐脑，放井水泡三次去豆气，入鸡汤中滚，起锅时加紫菜、虾肉。""程立万豆腐：乾隆廿三年，同金寿门（扬州八怪之一金农，字寿门）在扬州程立万家食煎豆腐，精绝无双。其豆腐两面黄干，无丝毫卤汁，微有蝉螯（chē áo）鲜味；然盘中并无蝉螯及他杂物也。"次日他告诉朋友天津水西庄庄主查日乾（袁枚称"查宣门居士"）。查日乾说我能啊，我请你吃饭给你做。等袁枚与杭州大儒杭世骏（字堇浦）一起到查家："则上箸大笑，乃纯是鸡雀脑为之，并非真豆腐，肥腻难耐矣。其费十倍于程，而味远不及也。惜其时，余以妹丧急归，不及向程求方。程逾年亡，至今悔之，仍存其名，以俟再访。"

《随园食单》载："王太守八宝豆腐：用嫩片切粉碎，加香蕈（xùn香菇）屑、蘑菇屑、松子仁屑、瓜子仁屑、鸡屑、火腿屑，同入浓鸡汁中，炒滚起锅。用腐脑亦可。用瓢不用箸。（王）孟亭太守云：此圣祖赐徐健庵尚书方也。尚书取方时，御膳房费一千两。太守之祖楼村先生为尚书门生，故得之。"这是说康熙年间徐建庵尚书，年事已高，告老还乡，康熙看他劳苦功高，御赐大内八宝豆腐一品颐养天年。徐阁老差人去取，御膳房不给，尚书只好身穿朝服，手捧圣旨，怀揣一千两银票亲自来到御膳房，总管太监验过圣旨，收下银票才把方子给了他。徐阁老回家后打开举目观看，好家伙，此菜不愧是皇家御用之品，

选料讲究，制法精细。用嫩豆腐去边搅碎，加入蛋清和八宝料①
下锅，炒滚起锅。荤素搭配，干果提香，入口软嫩，营养丰富，
吃的时候用羹匙，不用筷子，特别适合老人食用。那这御用之方，
又如何到了袁枚之手呢？原来袁枚与王箴舆（号孟亭）太守为
多年的莫逆之交，而王太守的爷爷楼村先生（王式丹，号楼村）
是徐尚书（徐乾学，号健庵，官至刑部尚书）的得意门生，故
而得之。王太守知袁枚喜好美味，送他享用，此菜因袁枚收录
在《随园食单》才得流传至今。

《厨者王小余传》

千古皆崇"知音"，但"知味"与"知音"同理。袁枚不但
"好味"，而且对"厨者"较为敬重，他是中国历史上第一个为
厨师作传之人。宋苏轼也"好味"，但未有厨者传。袁枚作《厨
者王小余传》，不仅赞美其厨艺高超，还盛赞其厨德之高。袁枚
与王小余是主仆，也是知音。他说，小余姓王，是个身份低贱
的煮肉差役。他擅长烹饪，人们闻到他烧菜的香味，十步以外
没有不直咽口水、歆羡向往的。他说，最初王小余向他请示菜单，
他怕王小余太奢侈，但又嘴馋，就叹了口气说："予故窭人子，

---

① 香蕈屑、蘑菇屑、松子仁屑、瓜子仁屑、鸡肉屑、火腿屑、干贝、虾仁。

每餐缗钱^①不能以寸也。"是说我本来是个穷人，每顿饭花的钱
不能超额。王小余笑着答应说好。"顷之，供净饮一头，甘而不
能已于咽以饱。客闻之，争有主孟之请。"不久上了一道净饮，
味道甘美，大家不停地喝到饱。客人听说了王小余，争着请王
小余为自己主厨。他说："小余治具，必亲市物，曰：物各有天。
其天良，我乃治。"买到后，就淘洗、加热、清理、调制。"客
嘈嘈然，属餍而舞，欲吞其器者屡矣。然其箧不过六七，过亦
不治。""毕，乃沃手坐，涤磨其钳铦刀削笓帚之属，凡三十余
种，庋而置之满箱。"客人吵吵着，接连地吃到满意，手舞足蹈，
好几次恨不得吞下餐具。但是篮子里只有六七道菜，超过这个
数目王小余也不再做了。完了，就洗手坐定，洗磨钳子、叉子、
刀子、刨子、笓具、刷子之类的用具，共三十多种，把柜子放
得满满的。别人找到王小余剩下的汤汁，试图学着做，可是学
不像。

　　有人请教做饭的方法，王小余说："难言也。作厨如作医。
吾以一心诊百物之宜，而谨审其水火之齐，则万口之甘如一口。"
王小余说当厨子就像当大夫。我用专一的心思诊断各种食材适
合怎么做，细心斟酌怎么用水火来调和，这样就可以众口如同
一口了，都以此为美味。有人问其目（要领），王小余说："浓

---

① 缗钱，即串起来的铜钱。

者先之，清者后之，正者主之，奇者杂之。视其舌倦，辛以震之；待其胃盈，酸以厄之。"味浓的要先上，味淡的要后上。味正的为主料，味奇的为调剂。等人舌头麻痹了，就用辣味来刺激它；等人胃满了，就用酸味来将食物压缩。有人问，八珍七熬这类贵品您做得好，那么"嗛嗛二卵之餐"您为什么还能做得与众不同呢？王小余说："能大而不能小者，气粗也；能啬而不能华者，才弱也。且味固不在大小、华啬间也。能，则一芹一菹皆珍怪；不能，则虽黄雀鲊三楹，无益也。"能做大菜而不能做小菜的，是因为气质粗。能做简餐而不能做盛宴的，是才力弱。而且味道本来不在乎大或小、简单或丰盛之间啊。如果才能好，则一个水芹、一味酱料都能做成珍奇的菜品；才能不好，那么即使把黄雀腌了三间屋子，也没什么用处。又说，贪图名声的一定要求得灵霄的烤肉、红虬的肉干、丹山的凤丸、醴水的朱鳖才能做出菜来，不是很荒唐吗？也有人问，你炮炙宰割，大残物命，不是造孽吗？王小余说："庖牺氏至今，所炮炙宰割者万万世矣。乌在其孽庖牺也？虽然，以味媚人者，物之性也。彼不能尽物之性以表其美于人，而徒使之狼戾枉死于鼎镬间，是则孽之尤者也。"从伏羲氏到现在，所烧煮杀生的已经万万世了，伏羲的恶孽在哪里呢？虽然如此，但是用味道来取悦人，是物之本性。不能尽物之本性而向人展示其美味，而白白地让它们枉死在锅里，这是一种极重的罪孽。还有人问："以子之才，不供刀匕于朱门，而终老随园，何耶？"王小余说："知己难，知味尤难。……且所谓知己者，非徒知其长之谓，兼知其短之谓。今主人未尝不斥我、难我、掉磬（嘲笑）我，而皆刺吾心之所隐疚，是则美誉之苦，不如严训之甘也。吾日进矣，休矣，终于此矣。"王小余说，懂得我难，懂得美味更难。我苦思尽力地为人做饭食，一道菜上去，我的心肝肾肠也跟着一起送上去了。而世上那些只知道哑着声音吃喝的人，很难格外欣赏我，这样我的技艺就会一天天退步了。况且所谓知己的人，说的是那种不只能了解其长处，也同时能知道其短处的人。现在随园主人（指袁枚）并非不斥责我、为难我、嘲笑我，可是他总能刺中我心里暗自怀疚的地方。一味地给我以美誉实为苦楚，不如随园主人对我严厉的训诫反而甘美，这样我就一天天进步了。算了吧，我还是终老在这里吧。不到十年，王小余去世了。袁枚说，每到吃饭，他都为王小余而哭，也会想起王小余说过的话，他认为其中既有治理百姓的道理，又有写文章的道理。于是他作了这篇旨在称颂王小余的传。

　　正因为袁枚是一位真正的美食家，所以王小余才能"不供刀匕于朱门，而终老随园"。此乃"知己"！最后此厨者果然也为知己者死，袁枚"每食必为之泣"，"为之传以永其人"，所以若无袁枚也无人知王小余。古之称厨师之为"子"，袁枚为第一人。古今知厨师者，袁枚也为第一人。袁枚晚年，又有一位厨者病死随园，袁枚赋诗记之，并将其葬于随园。

和《红楼梦》的纠葛

有意思的是，有学者把袁枚的随园和《红楼梦》的大观园联系起来。袁枚友人富察·明义《绿烟琐窗集·题红楼梦》诗前小序："曹子雪芹出所撰《红楼梦》一部，备记风月繁华之盛。盖其先人为江宁织（造）府，其所谓大观园者，即今随园故址。惜其书未传，世鲜知者，余见其钞本焉。"鲁迅《中国小说史略》说："然谓《红楼梦》乃作者自叙，与本书开篇契合者，其说之出实最先，而确定反最后。嘉庆初，袁枚[1] 已云，'康熙中，曹练亭为江宁织造。……其子雪芹撰《红楼梦》一部，备记风月繁华之盛。中有所谓大观园者，即余之随园也。'"鲁迅说，"末二语盖夸，余亦有小误[2]，但已明言雪芹之书，所记者其闻见矣。"袁枚在《随园诗话》里说《红楼梦》里的大观园即是他的随园。我们考随园的历史，可以信此话不是假的。袁枚的《随园记》[3]说随园本名隋园，主人为康熙时织造隋公。此隋公即是隋赫德，即是接曹頫之任的人。袁枚作记在乾隆十四年（1749），距曹頫

---

① 原有括注：《随园诗话》二。

② 原有括注：如以栋为练，以孙为子。

③ 见于《小仓山房文集》十二。

卸织造任时甚近，他应该知道这园的历史。我们从此可以推想曹頫当雍正六年（1728）去职时，必是因亏空被追赔，故这个园子就到了他的继任人的手里。从此以后，曹家在江南的家产都完了，故不得不搬回北京居住。这大概是曹雪芹所以流落在北京的原因。我们看了李煦、曹頫两家败落的大概情形，再回头来看《红楼梦》里写的贾家的经济困难情形，便更容易明白了。当真的话，《红楼梦》里的声色犬马与锦衣玉食，就有了历史渊源。

袁枚把文人的审美、学者的知识融入饮食文化中，是值得今人好好纪念的。

后 记

　　这本小书，是央视百家讲坛"舌尖上的历史"第二部的讲稿，承蒙小书策划团队不弃，得以成书。讲吃是近年出版业流行的选题，可谓八仙过海，各显神通。不落窠臼，的确不容易。行文过程中，考虑到可读性的问题，尽可能改变学术论文正襟危坐的讲论方式，但又怕过白，冲淡了含金量，两者的"度"不好把握。如果能谈出一些心得，读者朋友们还能接受，许多话就有了价值。感谢央视那尔苏、曲新志、饶源、林屹屹、高虹、兰培胜、王珊等老师和天喜文化李博、孙裕、王业云等策划和编辑人员的青睐与付出。欢迎朋友们不吝赐教。

图书在版编目（CIP）数据

至味人生：三千年饮食文化与人物风流 / 李凯著
. — 成都：天地出版社，2024.3
ISBN 978-7-5455-7951-2

Ⅰ. ①至… Ⅱ. ①李… Ⅲ. ①饮食—文化—中国—通
俗读物 Ⅳ. ①TS971.2-49

中国版本图书馆CIP数据核字（2023）第180320号

ZHIWEI RENSHENG：SANQIANNIAN YINSHI WENHUA YU RENWU FENGLIU

至味人生：三千年饮食文化与人物风流

出 品 人	陈小雨　杨　政
作 　者	李　凯
责任编辑	孙　裕　王业云
责任校对	杨金原
封面设计	周伟伟
责任印制	王学锋

出版发行	天地出版社
	（成都市锦江区三色路238号　邮政编码：610023）
	（北京市方庄芳群园3区3号　邮政编码：100078）
网　　址	http://www.tiandiph.com
电子邮箱	tianditg@163.com
经　　销	新华文轩出版传媒股份有限公司

印　　刷	北京文昌阁彩色印刷有限责任公司
版　　次	2024年3月第1版
印　　次	2024年3月第1次印刷
开　　本	880mm×1230mm　1/32
印　　张	8.75
彩　　插	12P
字　　数	159千字
定　　价	68.00元
书　　号	ISBN 978-7-5455-7951-2